DIE WARMWASSERHEIZUNG

ANORDNUNG UND AUSFÜHRUNG

MIT ROHRNETZBERECHNUNG

VON

PROF. DIPL. ING. DR. PHIL. HABIL.

MELCHIOR WIERZ

DRITTE AUFLAGE

MIT 62 BILDERN, 14 ZAHLENTAFELN

13 BERECHNUNGSTAFELN IM ANHANG

UND 2 BEIBLÄTTERN

VERLAG VON R. OLDENBOURG

MÜNCHEN 1952

VORWORT ZUR DRITTEN AUFLAGE

Die zweite Auflage war in kurzer Zeit vergriffen. Zu einem unveränderten Abdruck konnte ich mich nicht entschließen, da sich wichtige Ergänzungen erforderlich machten, die umfangreiche Vorarbeiten voraussetzten. Vor allem war eine für die Berechnung der Schwerkraftheizung grundlegende, alte Streitfrage zu erörtern und endgültig zu klären, nämlich: Ist das gebräuchliche Berechnungsverfahren, welches zur Ermittlung der Wassermengen gleiche Temperaturunterschiede zwischen Vor- und Rücklauf der Heizkörper voraussetzt, richtig oder nicht. Mit Hilfe des Satzes von der Summe der Einzeldrücke war es möglich, diese Frage zu entscheiden und auch hinsichtlich anderer wichtiger Probleme eine Klärung herbeizuführen. Zu den dringendsten Fragen gehört auch die *Tichelmann*sche Regel, die in einem Nachtrage kritisch behandelt wird. Als Ersatz hierfür ergibt sich eine neue Unempfindlichkeitsregel.

In der vorliegenden Auflage sind neu eingefügt worden: Ein Vergleich der Berechnungsverfahren der Umtriebsdrücke nach *Rietschel*, *Recknagel* und *Wierz*, Umstellung der Berechnung des Rohrnetzes auf die Bedingung gleichen Temperaturabfalles über alle Heizkörperstromkreise mit Beispielen für Anlagen mit oberer Verteilung und Stockwerkheizungen, Erörterung der Ursachen des Nichtwiederanspringens abgestellt gewesener Heizkörper, Erweiterung des Abschnittes über die geschlossene Fernwarmwasserheizung u. a. m.

So übergebe ich dieses Buch der Praxis in der Hoffnung, daß sie darin mancherlei Nützliches und neue Anregungen finden möge.

Im Juli 1951.

Prof. Dr. W i e r z.

INHALTSVERZEICHNIS

Seite

1. Die allgemeine Regelung der Warmwasserheizung 9

2. Anwendungsgebiet, Vor- und Nachteile 10

3. Ausführungsformen 11

Obere Verteilung 11 — Entlüftung 12 — Untere Verteilung 14 — Entlüftung beim Füllen 14 — Vor- und Nachteile bei oberer und unterer Verteilung 15 — Zweirohranordnung 16 — Einrohranordnung 16

4. Rohrleitungen und Zubehör 17

   A. Verlegung der Rohrleitungen 17
   B. Strangabsperrungen 19
   C. Heizkörperabsperrungen 20
   D. Ausdehnungsgefäß 21
   E. Heizflächenbemessung 22
   F. Wärmeschutz 23

5. Theoretische Grundlagen 24

   A. Die umlaufenden Wassermengen und die Kräfte im Rohrnetz 24
   B. Der wirksame Druck 25
   C. Der Satz vom Wärmemittelpunkt 26
   D. Der Satz von der Summe der Einzeldrücke 27

   Hintereinandergeschaltete Abkühlungspunkte 27 — Gleichgeschaltete Abkühlungspunkte 29 — Ungleichmäßige Rücklauftemperaturen 30 — Erweiterung des Satzes vom Wärmemittelpunkte 31

6. Die Widerstände im Rohrnetz 32

   A. Die Reibungswiderstände 32
   B. Die Einzelwiderstände 34

   Gleichwertige Rohrlängen 35 — Beispiel 35

7. Rohrnetzberechnung 36

   A. Annahme der Rohrweiten (untere Verteilung) 36
      Beispiel 36 — Weiteres Verfahren zur Vorbemessung 37
   B. Nachrechnung für die Ausführung 38
   C. Allgemeines zur zweckmäßigen Druckverteilung 41
   D. Kesselanschlüsse 43
   E. Heizkörperanschlüsse 44
   F. Gruppeneinteilungen 45
   G. Nichtanspringen abgestellt gewesener Heizkörper 46

Seite

8. Einfluß der Rohrabkühlung   48

    A. Kritik des bisher gebräuchlichen Berechnungsverfahrens   48
    B. Neue Berechnungsgrundsätze   49
    C. Wärmeverluste der Rohrleitungen   51
    D. Ermittlung der wirksamen Drücke und der Wichtenunterschiede aus den Temperaturunterschieden   51

9. Berechnung der Schwerkraftheizung mit oberer Verteilung   52

    Annahme der Rohrweiten 52 — Schätzung der umlaufenden Wassermengen 53 — Annahme der Rohrweiten nach dem in Abschnitt 7 A angegebenen zweiten Verfahren 55 — Nachrechnung für die Ausführung 56

10. Die Stockwerkheizung   59

    Ausführungsformen 59 — Berechnung der Stockwerkheizungen 61 — Einfluß von Überbrückungen 65

11. Gemischte Warmwasserheizungen   66

12. Die Pumpenheizung   67

    A. Anwendungsgebiet, Vor- und Nachteile   67
    B. Anordnung der Pumpenheizung   68
    C. Bemessung der Rohrleitungen   69
    Bemessung auf Grund angenommener Geschwindigkeiten 69 — Weitere Vorschläge 70
    D. Bemessung der Pumpen   70
    E. Einbau der Pumpen   72
    F. Druckverteilung im Rohrnetz   73

13. Die Sicherheitseinrichtungen   75

    Sicherheitsleitungen 75 — Wechselventile 77 — Sicherung bei Pumpenheizung 79

14. Warmwasserheizung mit beschleunigtem Umlauf   80

    Die Wilopumpe 80 — Beispiel 83

15. Die Fernwarmwasserheizung   84

    A. Anwendungsgebiet, Wirtschaftlichkeit, Übergang zur Heißwasserheizung . .   84
    B. Die offene Heißwasserfernheizung   87
    Ausführungsform 87 — Beispiel 88
    C. Die geschlossene Heißwasserfernheizung   88
    Ausführungsform mit geschlossenem Ausdehnungsbehälter 89 — Ausdehnungsbehälter 89 — Pumpen 90 — Umformer 90 — Dampfbeheizte Heißwasserfernheizung 90
    D. Heißwasserfernheizung in Verbindung mit Hochdruckdampfkesseln als Ausdehnungsausgleicher   91
    E. Warmwasser- und Dampferzeugung für Wirtschaftszwecke   92

16. Kritik der Tichelmannschen Regel (Nachtrag)   92

ANHANG
BERECHNUNGSTAFELN

Tafel 1. Wichten des Wassers in kg/m³ für Temperaturen von 40 bis 100⁰ und Änderungen der Wichten von Grad zu Grad   96

Tafel 2. Reibungs- und Einzelwiderstände der Rohrleitungen   97

Tafel 3. Widerstandszahlen ζ   107

Seite

T a f e l 4. Annahme der Rohrweiten für Schwerkraftheizung (untere Verteilung),
Temperaturunterschied 20⁰:

4a. Entfernung E bis 7,5 m 108

4b. Entfernung E von 7,5 bis 15 m 108

4c. Entfernung E von 15 bis 25 m 109

4d. Entfernung E von 25 bis 40 m 110

4e. Entfernung E von 40 bis 60 m 111

4f. Entfernung E von 60 bis 100 m 112

T a f e l 5. Stränge und Heizkörperanschlüsse:

5a. Stränge Erdgeschoß bis I. Stock, Heizkörperanschlüsse I. Stock . . . 113

5b. Stränge I. bis II. Stock, Heizkörperanschlüsse II. Stock 113

5c. Stränge und Heizkörperanschlüsse bis V. bzw. VI. Stock und darüber . 113

T a f e l 6. Wärmeverluste $\varDelta W_R$ in kcal/h m für 1 m Rohr der Vor- und Rücklaufleitungen nach Art der Verlegung und für verschiedene Wirkungsgrade des
Wärmeschutzes 114

T a f e l 7. Annahme der Rohrweiten bei Stockwerkheizungen 116

T a f e l 8. Wärmeverluste $\varDelta W_R$ in kcal/h m für 1 m Rohr der Vor- und Rücklaufleitungen von Stockwerkheizungen 116

T a f e l 9. Temperaturabfall $\varDelta \vartheta_R$ in ⁰C/m je m Rohr für die Vorlaufleitungen von
Stockwerkheizungen 117

T a f e l 10. Temperaturabfall $\varDelta \vartheta_R$ in ⁰C/m je m Rohr für die Rücklaufleitungen von
Stockwerkheizungen 118

T a f e l 11. Vorbemessung der Rohrweiten für Pumpenheizung unter Annahme der
Wassergechwindigkeiten 119

T a f e l 12. Bemessung der Sicherheitsleitungen für Warmwasserheizungen nach
DIN 4751 122

T a f e l 13. Wasserleistungen (Mehrfachzahlen m) für Warmwasserheizungen mit beschleunigtem Umlauf 123

B e i b l a t t 1. Zusammenstellung der Berechnung einer Anlage mit unterer Verteilung nach
Bild 29.

B e i b l a t t 2. Zusammenstellung der Berechnung einer Anlage mit oberer Verteilung nach
Bild 38.

1. DIE ALLGEMEINE REGELUNG DER WARMWASSER-HEIZUNG

Alle Sammelheizungen bedürfen eines Wärmeträgers, der die Wärmeübertragung vom Wärmeerzeuger zu den Verbrauchsstellen vermittelt. Je nach Art des Wärmeträgers unterscheidet man Wasser-, Dampf- oder Luftheizungen. Von diesen Heizungsarten ist die Warmwasserheizung von weitaus größter Bedeutung, die sich aus dem Verhalten des Wassers als Wärmeträger ergibt. Dieses besitzt von allen Körpern die größte spez. Wärme und ist deshalb besonders geeignet, große Wärmemengen an geringe Wassermengen gebunden fortzuleiten. Man kann es auf beliebige Heiztemperaturen erwärmen, wodurch es möglich wird, den Räumen die Wärme je nach Bedarf ziemlich gleichmäßig zuzuteilen, was insofern von Wichtigkeit ist, da ja der Wärmebedarf je nach den Außentemperaturen außerordentlichen Schwankungen unterliegt.

In der Zahlentafel 1 sind die von *Marx*[1]) und *Liersch*[2]) angegebenen Heizwassertemperaturen eingetragen. Die theoretisch von *Liersch* ermittelten beziehen sich

[1]) *A. Marx:* Das Andauern tiefer Außentemperaturen und das Verhältnis der Vorlauftemperatur bei Warmwasserheizungen zur Außentemperatur. Gesundh.-Ing. Bd. 39 (1916), S. 351.
Derselbe: Die Vorlauftemperaturen einer Warmwasserheizung. Heizg. u. Lüftg. Bd. 2 (1931), S. 78.
[2]) *O. Liersch:* Über die Wahl der Vorlauftemperaturen einer Schwerkraft-Warmwasserheizung mit Rücksicht auf die jeweiligen Außentemperaturen. Gesundh.-Ing. Bd. 35 (1912), S. 537.
M. Wierz: Das Verhalten der allgemeinen Regelung der verschiedenen Heizungsarten und ihre Bedeutung für die wirtschaftliche Arbeitsweise. Haustechn. Rdsch. Bd. 41 (1936), S. 47, 63 und 79. S. ferner:
L. Stiegler: Zur Frage der Abhängigkeit der Warmwassertemperatur von der Außentemperatur. Wärmew. Nachr. Hausbau Bd. 3 (1930), S. 20.
Derselbe: Die Vorlauftemperatur bei Warmwasserheizungen in Abhängigkeit von der Außentemperatur. Wärmewirtsch. Bd. 9 (1936), S. 33.
Derselbe: Die Heizwassertemperaturen einer Wasserheizung. Heizg. u. Lüftg. Bd. 14 (1940), S. 143.
Rybka: Zur generellen Regelung der Warmwasserheizungen. Gesundh.-Ing. Bd. 49 (1925), S. 761.
Kaufmann: Selbsttätige Regelung von Warmwasserheizungen. Gesundh.-Ing. Bd. 55 (1932), S. 523.
Spillhagen: Die Warmwasserschwerkraftheizung. Gesundh.-Ing. Bd. 56 (1933), S. 325.
Kopp: Druckverhältnisse in Schwerkraft-Warmwasserheizungen und die örtliche Regelbarkeit der Warmwasserheizungsanlage mit unterer Verteilung. Gesundh.-Ing. Bd. 57 (1934), S. 269.
Barenbrug: Berechnung der Vor- und Rücklauftemperaturen bei Warmwasserheizungen in Abhängigkeit von der Außentemperatur. Gesundh.-Ing. Bd. 57 (1934), S. 425.
J. Grönningsaeter: Selbsttätige Temperaturregelung von Zentralheizungen entsprechend der Außentemperatur. Gesundh.-Ing. Bd. 58 (1935), S. 505.

auf die Temperaturen am Heizkörperanschluß, während *Marx* auf Grund praktischer Untersuchungen auch die Abkühlung der Rohrleitungen und andere Einflüsse berücksichtigt.

In den Arbeitsblättern der Zeitschr. Heizg. u. Lüftg. sind ausführliche Diagramme über die Wahl der Heiztemperaturen bei verschiedenen Außentemperaturen für Schwerkraft- und Pumpenheizung entwickelt worden[1]).

Z a h l e n t a f e l 1. Einzuhaltende Vorlauftemperaturen am Kessel bei verschiedenen Außentemperaturen.

Außen-temperatur	$-20°$	$-15°$	$-10°$	$-5°$	$±0°$	$+5°$	$+10°$
nach *Marx*	90°	87°	82°	77°	71°	62°	53°
nach *Liersch*	90°	84°	75°	70°	62°	54°	45°

Diese unter dem Namen »allgemeine (generelle) Regelung«[1]) bekannte Eigenschaft gibt der Warmwasserheizung ihre große Bedeutung. Heizungsarten, die diese Eigenschaft nicht oder weniger besitzen, wie z. B. die Dampfheizung, geben Anlaß zur gesundheitsschädlichen Überheizung der Räume und Brennstoffverschwendung. Aus dieser Eigenschaft der allgemeinen Regelung leiten sich also die hohe Wirtschaftlichkeit und infolge der milden und gleichmäßigen Erwärmung der Räume der gesundheitliche Wert der Warmwasserheizung ab.

Hinzu kommt noch die Einfachheit in Bedienung und Betrieb und, nicht zu vergessen, die außerordentliche Betriebssicherheit, denn solange sich noch Wasser im Heizkessel befindet, kann selbst bei grob fahrlässiger Bedienung keine Gefahr entstehen. Dies ist besonders für die Kleinheizung wichtig, deren Bedienung fast ausschließlich in ungeschulten Händen liegt.

Wenn auch diese Eigenschaften der Warmwasserheizung natürlich gegeben sind, so ist damit noch nicht gesagt, daß sie auch wirklich eintreten. Dies hängt von der mehr oder minder sachgemäßen Berechnung und Ausführung der Anlagen ab. Deshalb erfordern alle Entwürfe von Heizungsanlagen eine sorgfältige Durcharbeitung selbst hinsichtlich der geringfügigsten Einzelheiten.

2. ANWENDUNGSGEBIET, VOR- UND NACHTEILE

Die milde und angenehme Erwärmung[2]) der Räume macht die Warmwasserheizung besonders geeignet zur Beheizung von Wohnhäusern, Villen, Schulen, Verwaltungs- und Bürogebäuden. Sie kommt weniger in Frage für die Beheizung großer Räume und solchen, die längeren Betriebsunterbrechungen unterliegen und schnell wieder hochgeheizt werden müssen. Der ziemlich erhebliche Wasser-

---

[1]) Arbeitsmappe des Heizungsingenieurs. 4. Aufl. Düsseldorf 1950, Deutscher Ingenieur-Verlag GmbH.

[2]) *Nußbaum:* Der gesundheitliche Wert niedrig temperierter Heizkörper. Gesundh.-Ing. Bd. 27 (1904), S. 221.

inhalt der Anlagen verlangt lange Anheizzeiten und gibt dem Betriebe eine gewisse Trägheit, die aber insofern von Vorteil ist, als Unregelmäßigkeiten im Kesselbetriebe ausgeglichen werden und Überwärmung der Räume nicht plötzlich eintreten kann. Die in dem Wasserinhalt gebundene Speicherwärme wirkt sich vor allem für den Nachtbetrieb günstig aus, so daß sich, wenigstens an milden Tagen, die Bedienung der Feuerung während dieser Zeit erübrigt. Nachteilig ist die Gefahr des Einfrierens bei unachtsamer Absperrung von Heizkörpern. Hiergegen können gefährdete Heizkörper durch leichtes Anfeilen der Hahn- oder Ventilkörper der Absperrvorrichtungen geschützt werden, so daß bei erfolgter Absperrung stets noch ein geringer Wasserumlauf möglich ist. Solange ein solcher Kreislauf gesichert ist, ist die Einfriergefahr, die meist überschätzt wird, sehr gering. Der Verfasser hat beispielsweise nichtabsperrbare Wasserheizkörper, die lediglich als Wärmestellen dienen, auf den Hängebänken, also in höchster Höhe der Schachtgerüste von Bergwerken völlig freistehend angeordnet. Obwohl die Heizkörper den schärfsten Winden und den tiefsten Außentemperaturen bis zu — 30° C und mehr ausgesetzt waren, ist bis heute nach jahrzehntelangem Betrieb noch kein Fall des Einfrierens bekannt geworden.

3. AUSFÜHRUNGSFORMEN

Obere Verteilung. — In Bild 1 befindet sich der Heizkessel in einem Raume des Kellers. Von höchster Stelle des Kessels K führt ein Steigstrang S zum Dachgeschoß hoch. Von hier aus zweigt die obere Verteilungsleitung v ab, die gewöhnlich über Kopfhöhe im Dachgebälk aufgehängt wird. Die Fallstränge F, die entweder in Mauerschlitzen oder auch frei auf der Wand verlegt werden, werden unter Zwischenschaltung einer Absperrvorrichtung mit den oberen Gewindeanschlüssen der Heizkörper verbunden. Die das hocherwärmte Heizwasser vom Kessel zu den Heizkörpern führenden Leitungen nennt man »Vorlauf«. In den Heizkörpern wird das Wasser abgekühlt, das durch den an tiefster Stelle des Heizkörpers angebrachten Rohranschluß durch eigene Schwere in die Rücklaufstränge R herunterfällt. Diese werden meist an der Decke des Kellergeschosses gesammelt und durch die gemeinsame »Rücklauf«-Sammelleitung R_s an tiefster Stelle mit dem Kessel verbunden.

An höchster Stelle der Rohranordnung, hier am Ende des Vorlaufsteigstranges S, ist das sog. Ausdehnungsgefäß A angeschlossen. Dieses hat die Aufgabe, die mit der Erwärmung des Wassers auftretende erhebliche Ausdehnung aufzunehmen. Das sich ausdehnende Wasser entwickelt außerordentliche Kräfte, denen kein Widerstand entgegengesetzt werden darf. Deshalb muß das Ausdehnungsgefäß offen, d. h. mit der Atmosphäre in freier Verbindung stehen. Im geschlossenen Zustande würde bald ein derartiger Druckanstieg eintreten, daß die weniger widerstandsfähigen Heizkörper und Kessel bald zersprengt würden. Daraus folgt auch die unbedingte Notwendigkeit, das Ausdehnungsgefäß gegen Einfrieren zu schützen. Wenn es eben möglich ist, ordnet man es zweckmäßig an der warmen

Schornsteinwand an. Man umgibt es mit einem Holzkasten, dessen Zwischen-
räume mit einem wärmeschützenden Füllstoff (Torfmull, Stroh od. dgl.) aus-
zu füllen sind.

Entlüftung. — Bei der Verlegung der Rohrleitungen ist mit größter Sorgfalt
dahingehend zu verfahren, daß sich nirgends Luft ansammeln kann, die die ge-

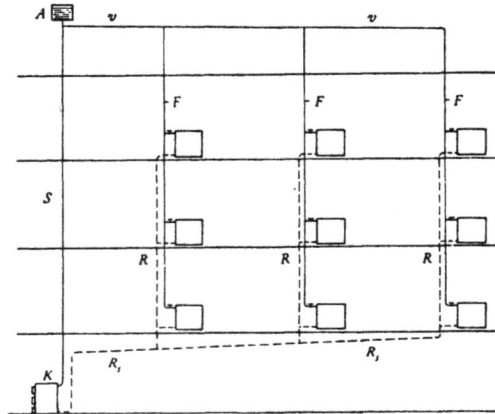

Bild 1. Obere Verteilung

fürchteten sog. »Luftsäcke« bilden. Diese hemmen den Kreislauf des Wassers
oder unterbinden ihn sogar vollständig. Bild 2 zeigt die Luftsackbildung einer
unsachgemäß geführten Leitung. Bild 3 zeigt eine Rohranordnung, die nicht
immer zu vermeiden ist, wenn es sich darum handelt, baulichen Hindernissen aus
dem Wege zu gehen. Allerdings ist alsdann der Luft Möglichkeit zum Entweichen
zu geben, zu welchem Zwecke an höchster Stelle a
eine Luftschleife ($3/8''$) anzuschließen ist, die in
einen in der Nähe befindlichen Steigstrang mündet, in den die Luft des Rohrstückes entweichen

Bild 2. Querschnittsverengung
durch Luftsackbildung

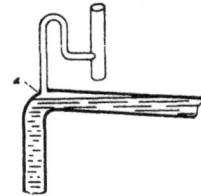

Bild 3. Luftsackbeseitigung
vermittelst Luftschleife

kann. Die Schleifenform bezweckt mit Absicht, einen Luftsack herzustellen, um
einen unerwünschten Kreislauf des Wassers auszuschließen, der zu Störungen
Anlaß geben könnte.
Dem Gesagten zufolge wird man nunmehr die in Bild 1 gegebene Anordnung der
Rohrleitungen verstehen. Man erkennt, daß im Keller die Rücklaufleitung R_s mit
Steigung bis zum letzten Strang und im Dachgeschoß die Vorlaufleitung v mit
Steigung bis zum Ausdehnungsgefäß verlegt worden ist. Es ist leicht einzusehen,

daß bei geöffneten Heizkörperabsperrungen nirgends eine Möglichkeit zur Luftansammlung gegeben ist.

Weiterhin sind Luftsackbildungen durch falschen Einbau der Sicherheitsabsper-
rungen und der Heizkörperventile oder Hähne möglich. Alle Bauelemente sind
auf diese Möglichkeit hin zu untersuchen, um ihren sachgemäßen Einbau in die
Anlage sicherzustellen.

Zu recht unliebsamen Störungen geben oft die Heizkörper Anlaß. In Bild 4 ist
die obere Nippelverbindung eines Ratiators herausgezeichnet. Die einzelnen
Radiorenglieder werden durch $1\frac{1}{2}''$-Nippel verbunden, die vom Anschluß- bis
zum Endglied eine Art Verteilerrohr zur Speisung der einzelnen Glieder darstellen. Das erste Radiatorglied enthält den Stopfen mit dem Gewinde des An-
schlußrohres. Besonders bei den kleinen Anschlußdurchmessern ist die Gefahr der
Luftsackbildung gegeben. Man erkennt aus der Abbildung, daß Luftansammlung
bis zum Punkte *a* möglich ist, die auch tatsächlich sehr oft eintritt. Der Verteiler-
querschnitt wird erheblich verengt; dies macht sich äußerlich dadurch bemerkbar,
daß die Anfangsglieder heiß durchschlagen, während die übrigen Glieder kalt

Bild 4. Luftansammlung in Radiatoren

bleiben. Zur Beseitigung dieses Übelstandes hilft man sich, indem man an dem
Endstopfen *e* ein kleines Entlüftungsventilchen anbringt. Besser ist es, die Ein-
gangsstopfen von vornherein mit exzentrischer Bohrung zu versehen. Die Erscheinungen machen sich hauptsächlich an den höherstehenden Heizkörpern bemerkbar, während in den tieferen Geschossen der Luftraum infolge des höheren
statischen Druckes zusammengepreßt wird. Vor allem ist überstürztes Füllen der
Anlage vor Inbetriebnahme zu vermeiden, da dann die Luft nicht geordnet entweichen kann und die Lufträume sich von vornherein mit verdichteter Luft füllen.
die sich dann mit der darauf folgenden Erwärmung auf den gesamten Raum ausdehnt und so die Querschnittsverengung nach Maßgabe des Bildes 4 hervorruft.
Oft sammeln sich nach längerer Betriebszeit in den Lufträumen brennbare Gase
an, die in neuerer Zeit auf elektrolytische Zersetzungserscheinungen des Wassers
zurückgeführt werden.

Grundsätzlich ist zu sagen, daß sich die Verlegung der Leitungen und der Einbau
der Zubehörteile nur nach dem Gesichtspunkte richtet, die Entstehung von Luft-
sammelstellen zu vermeiden und der Luft, wo sie auch auftreten möge, die Möglichkeit zu geben, ungehindert zum Ausdehnungsgefäß zu entweichen. Dies ist
um so wichtiger, da sich die Luft selbst bei vorsichtigster Füllung einer Anlage
nicht sofort völlig beseitigen läßt. Außerdem ist anzunehmen, daß durch Ab-
sorption an dem Wasserspiegel des Ausdehnungsgefäßes dauernd Luft in das

System gelangt, so daß mit der Zeit von neuem Luftsäcke entstehen können, wenn
hiergegen nicht Vorkehrungen getroffen worden sind.

U n t e r e V e r t e i l u n g. — Bild 5 zeigt die Anordnung einer **Warmwasser-**
heizung mit unterer Verteilung. Sie unterscheidet sich von der des Bildes 1 dadurch, daß jetzt der Vorlauf *v* gemeinsam mit dem Rücklauf R_s an der Kellerdecke
verlegt wird. Vor- und Rücklaufstränge werden zu den Heizkörpern hochgezogen.
Ein Strang, der dem Kessel am nächsten liegt, wird als Ausdehnungsstrang zum
Ausdehnungsgefäß *A* benutzt.

E n t l ü f t u n g b e i m F ü l l e n. — Die Entlüftung des Rohrnetzes geht wie folgt
vor sich. An tiefster Stelle des Kessels befindet sich ein sog. Füll- und Entleerungs-
hahn, der mit einem Schlauch unmittelbar an die Wasserleitung angeschlossen

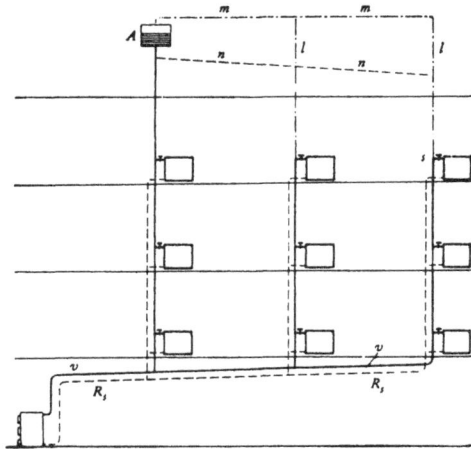

Bild 5. Untere Verteilung

wird. Beim Ansteigen des Wasserspiegels im Rohrnetz wird zunächst die Luft (bei
geöffneten Heizkörperventilen) ordnungsgemäß nur durch den Ausdehnungsstrang
entfernt; bei den anderen Strängen stößt die Entfernung der Luft zunächst noch
auf Schwierigkeiten. Man könnte an den höchsten Stellen *s* kleine Luftventilchen
anbringen, die so lange geöffnet bleiben, bis das System gefüllt ist. Diese **Art der**
Entlüftung ist aber zu verwerfen und wird nur als Notbehelf angesehen. Vielfach
werden diese Luftventilchen von den Wohnungsinhabern mißbräuchlich benutzt,
um warmes Wasser zu Aufwaschzwecken zu entnehmen.
Die Entlüftung soll völlig selbsttätig geschehen. Zu diesem Zwecke führt man von
den höchsten Punkten *s* der Vorlaufstränge 3/8″-Luftleitungen bis über den Wasserspiegel des Ausdehnungsgefäßes hoch. Gewöhnlich werden sie, obwohl ein zwin-
gender Grund hierfür nicht vorliegt, über dem Wasserspiegel gesammelt und
durch die gemeinsame Leitung *m* zum Ausdehnungsgefäß zurückgeführt. Oft faßt
man die Lüftungsstränge auch unterhalb des Ausdehnungsgefäßes, wie das durch
die Leitungen *n* angedeutet ist, zusammen, um einen Kreislauf des Wassers zur

Herabminderung der Einfriergefahr herbeizuführen. Diese Ausführung ist bedenklich, da sie einer Verstärkung der Vorlaufleitungen gleichkommt, wodurch unliebsame und unübersehbare Kreislaufstörungen entstehen können, die sich vor allem dahin auswirken, daß die ohnehin schon günstig gestellten höherstehenden Heizkörper noch mehr begünstigt werden.

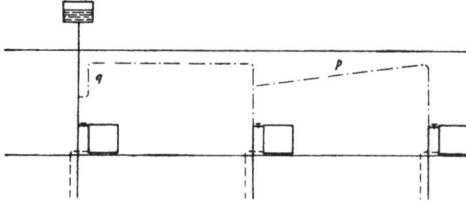

Bild 6. Entlüftung der Warmwasserheizung

Die Entlüftungsstränge l sind, soweit sie im kalten Dachboden liegen, sorgfältig gegen Einfrieren zu schützen. Sie werden am besten mit Holzkästen umgeben, die mit Wärmeschutzstoffen auszufüllen sind. Um die Einfriergefahr gänzlich auszuschließen, faßt man oft die Entlüftungsstränge bereits in dem höchsten beheizten Geschoß nach Maßgabe des Bildes 6 zusammen. Entweder entlüftet man sägeförmig p oder wendet eine Luftschleife q an. Man unterbricht also die Luftleitungen durch absichtlich hergestellte Luftsäcke, um die bereits erklärten Kreislaufstörungen zu verhindern. Die Luftleitungen bestehen aus ⅜″-Röhren, die nicht stärker sind wie die elektrischen Isolierröhren, die wie diese leicht in dem Mauerwerk eingeschlitzt und unter Putz verlegt werden können.

Aus Bild 5 ist zu ersehen, daß aus Entlüftungsgründen die an Kellerdecke verlegte Vorlaufleitung mit Steigung bis zum letzten Strang zu verlegen ist. Es können aber in der Praxis Fälle auftreten, die ein Abweichen von der Regel erforderlich machen. Bei niedrigen Kellerhöhen und großer Ausdehnung des Rohrnetzes ergeben sich sehr große Durchmesser der Hauptverteilungsleitungen. Durch die Abkühlung können in diesen Leitungen Gegenströmungen nach Art des Bildes 7 entstehen, die das Zustandekommen eines geordneten Kreislaufes hemmen. Solche Anlagen laufen sehr schwer an und kommen öfter gar nicht in Gang. Dem Übel ist meist durch sehr guten Wärmeschutz und, wenn dies nicht hilft, durch Verlegung der Leitungen mit entgegengesetztem Gefälle

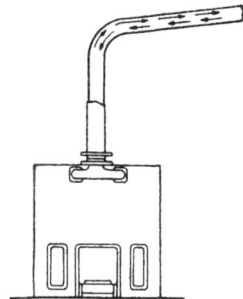

Bild 7. Gegenströmung im Vorlauf

abzuhelfen. Es ist aber entsprechend Bild 3 für eine sachgemäße Entlüftung zu sorgen.

Vor- und Nachteile bei oberer oder unterer Verteilung. — Bei den Anlagen mit unterer Verteilung schätzt man die gemeinsame Führung der Hauptverteilungsleitungen und die dadurch mögliche übersichtliche Wartung im Kellergeschoß. Was nun diesen Umstand anbetrifft, so ist darauf hinzuweisen, daß alle Warmwasserheizungen eine fast unbegrenzte Lebensdauer besitzen. Es

kommt also irgendwelche Wartung des Rohrnetzes kaum in Frage. Von diesem
Standpunkte aus ist es gleichgültig, ob sich die Verteilungsleitungen teilweise im
Keller- oder Dachgeschoß befinden. Der unteren Verteilung rechnet man zugute,
daß die von den Leitungen abgegebene Wärme innerhalb des Hauses verbleibe
und zur Heizung der Kellerdecke diene, bei oberer Verteilung im kalten Dach-
geschoß aber verloren sei. Der Vertreter der oberen Verteilung wird dies mit dem
Bemerken ablehnen, daß die Wärmeverluste durch entsprechenden Wärmeschutz
beliebig niedrig gehalten werden können, daß aber der angebliche Vorteil der im
Keller verbleibenden Wärme eher ein Nachteil sei, da in den warmen Kellern
erfahrungsgemäß keine Lebensmittel wie Kartoffeln, Früchte usw. und auch keine
Getränke wie Wein und Bier aufbewahrt werden können, und daß deshalb die
Kellerräume hinsichtlich ihrer Zweckbestimmung wesentlich an Wert verlieren.
Dies trifft zu. Es ist daher beim Entwurf der Heizungsanlagen darauf zu achten,
Lebensmittelräume, Speisekammern, Wein- oder Bierkeller zu umgehen. Befinden
sich Küchenbetriebe und Wirtschaftsräume in den Kellern, wie es vielfach in
Hotels und Krankenhäusern der Fall ist, so ist dies oft für die Wahl oberer Ver-
teilung ausschlaggebend.

Ein großer Vorzug der oberen Verteilung besteht in dem leichten, schnellen und
sicheren Anlaufen der Heizung, weshalb diese Verteilungsart bei waagerecht ausgedehnten Anlagen stets vorzuziehen ist. Durch die wenn auch geringe Abkühlung
der im Dachgeschoß verlegten Leitungen ergeben sich erheblich größere Umtriebskräfte als bei unterer Verteilung, die die Anwendung geringerer Rohrdurchmesser
erlauben; jedoch wird dieser Vorteil mehr oder minder durch Vermehrung der
Rohrlängen wieder aufgehoben.

Zweirohranordnung. — Die Anlagen nach Bild 1 und 5 werden als
Zweirohrsystem bezeichnet, weil jeder Heizkörper mit dem Vorlauf und Rücklauf
verbunden wird. In der Praxis wird unter Vernachlässigung der Abkühlung der
Vorlaufleitung die Temperatur des Wassers beim Eintritt in die Heizkörper
mit 90°, beim Austritt mit 70° angenommen. Für alle Heizkörper gilt dann der
konstante Temperaturunterschied von 20° zwischen Ein- und Austritt. Über das
Zulässige dieser Annahme wird noch zu sprechen sein.

Einrohranordnung[1]. — Diese Rohranordnung (Bild 8) kommt praktisch
eigentlich nur mit oberer Verteilung zur Ausführung. Die im Dachgeschoß verlegte Vorlaufverteilungsleitung wird durch Rohrstränge einfach mit der im
Keller befindlichen Rücklaufverteilungsleitung verbunden. Vor- und Rücklauf-
anschlüsse der Heizkörper führen stets in denselben Strang ein. Das Einrohrsystem ist ebenfalls ein Zweirohrsystem mit dem Unterschiede, daß an Stelle
eines Heizkörpers eine Stranggruppe tritt, deren oberster Heizkörper die Vorlauftemperatur von 90° erhält, während am untersten Strangende das Wasser
meist mit einer Rücklauftemperatur von 70 bis 75° abfließt. Da die tieferstehenden Heizkörper stets, infolge des den Strängen aus den oberen Heizkörpern zu-
fließenden Rücklaufwassers, geringere Vorlauftemperaturen erhalten, ist die

---

[1] *Krell sen.:* Warmwasserheizung, Einrohrsystem mit sekundärer Zirkulation. Gesundh.-Ing.
Bd. 28 (1905), S. 425.

Wärmeabgabe der Heizkörper je m² Heizfläche nicht mehr, wie beim Zweirohrsystem, gleichmäßig, sondern sie ändert sich mit der Höhenlage der Heizkörper, was bei der Heizflächenbemessung zu berücksichtigen ist. Die obersten Heizkörper erhalten die geringsten, die tieferstehenden die größten Heizflächen. Dies wirkt sich im Betriebe nachteilig aus. Wird z. B. der oberste Heizkörper eines Stranges abgesperrt, dann fließt dem tiefer stehenden das Heizwasser mit voller Temperatur zu. Der zugehörige Raum wird infolge der größeren Heizflächen bald überheizt, was zum Abstellen auch dieses Heizkörpers führt. So pflanzt sich dieses Spiel in verstärktem Maße bis zu dem untersten Heizkörper fort. Schließlich gelangt das heiße Vorlaufwasser in die an Decke verlegte Rücklaufleitung und ruft an den Zuflußstellen der anderen Stränge Temperaturänderungen hervor,

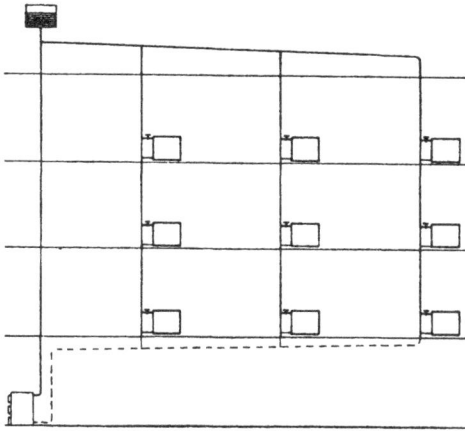

Bild 8. Einrohranordnung

die, worauf später noch einzugehen ist, den ganzen Kreislauf des Wassers in Frage stellen können.

Obwohl das Einrohrsystem in Anordnung und Ausführung einfacher und auch in den Anlagekosten billiger ist als das Zweirohrsystem, so konnte es sich in Deutschland doch nicht einführen.

4. ROHRLEITUNGEN UND ZUBEHÖR

A. VERLEGUNG DER ROHRLEITUNGEN

Bei Verlegung der Rohrleitungen ist vor allem auf die Ausdehnung durch die Wärme zu achten. Die Ausdehnung geht mit solchen Kräften vor sich, daß die Leitungen, wenn sie in ihrer Ausdehnung gehemmt sind, einfach zerrissen werden. Besonders sind die Abzweigstellen gefährdet. Grundsätzlich ist das Verteilungsnetz leicht beweglich in Eisenbandschleifen nach Bild 9 aufzuhängen, so daß es, ohne erheblichen Widerstand zu finden, der Ausdehnung und Zusammenziehung freien Raum gibt. Ferner ist zu empfehlen, zwischen Rohr und Eisenband einen starken Streifen Asbest oder Pappe einzuschieben. Dies aus zweierlei Gründen. Einmal, weil (wichtig für Pumpenheizung) die Geräuschübertragung an das Mauerwerk verhindert wird, dann, weil die Wärmeableitung, die bei unmittelbarer Berührung der Metallflächen sehr erheblich ist, unterbunden werden muß. Dies ist ganz besonders bei der Fernleitung von Wärme zu beachten. Auf diesen Umstand ist bisher in der Praxis wenig Rücksicht genommen worden.

Beim Aufheizen und Abheizen folgen die Heizwassertemperaturen nur sehr langsam, so daß das Rohrnetz, im Gegensatz zur Dampfheizung, stets genügend Zeit hat, seine neue Lage einzunehmen. Bei geeigneter Rohrführung erübrigen sich Ausdehnungsausgleicher (Kompensatoren); so genügt bereits eine einfache Umlegung der Leitungen nach Bild 10.

Bild 9. Aufhängen der Rohrleitungen in Eisenbandschleifen

Bild 11 zeigt das Beispiel einer in einem Kellerflur verlegten Verteilungsleitung. Zunächst wird man die Leitungen etwa in der Mitte festlegen. Von diesen Festpunkten aus müssen sich die Leitungen nach rechts und links ver-

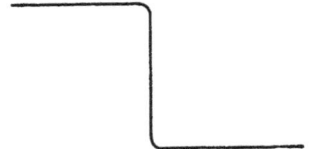

Bild 10. Ausgleich des Wärmeschubes

schieben können. Die Bögen am linken Ende bei *a* und die letzten Abzweigungen rechts bei *b* vermögen diese Ausdehnung ohne weiteres aufzunehmen. Jedoch ist dafür zu sorgen, daß die Abzweigungen *c, d* dem seitlichen Schub in den Mauerdurchbrechungen folgen können. An diesen Stellen sind die Rohre im Hinblick auf den Seiten- und Längsschub mit starker Wellpappe zu umwickeln, damit sie

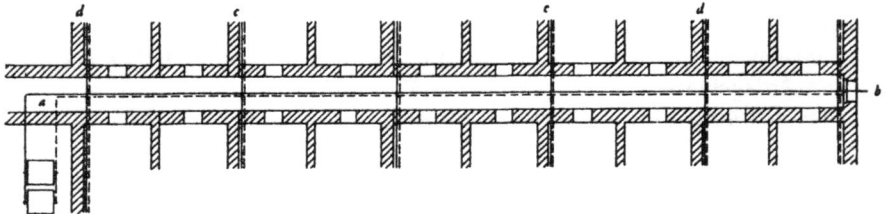

Bild 11. Ausgleich des Wärmeschubes langer Leitungen

nicht fest eingemauert werden können. Meist wird Abfallrohr größeren Durchmessers über die Rohrleitung geschoben. Hier ist für genügend Spiel zur Aufnahme des Seitenschubes zu sorgen. Zur Ermittlung des Längsschubes kann man in dem Temperaturbereich von 10 bis 90° eine Ausdehnung von 1 mm je m Rohr rechnen.

An den Außenwänden verlegt man die Verteilungsleitungen am besten in einer Entfernung von 50 bis 70 cm, damit die Kellerfenster noch geöffnet werden können und um zu kurze Anschlüsse an die Heizstränge zu vermeiden.

Die Steigestränge werden entweder in Mauerschlitzen 12 × 12 cm oder frei auf der Wand verlegt. Die Schlitze sind nach beendigtem Probebetrieb sorgfältig am besten mit Strohlehm auszufüllen. Die Befestigung der Leitungen erfolgt hier mit gewöhnlichen Rohrschellen.

Überall, wo Decken- und Mauerdurchbrüche in Frage kommen oder wo Leitungen in waagerechten Schlitzen geführt werden, sind sie, wie bereits bemerkt, mit Wellpapier zu umwickeln, damit sie nach dem Einmauern dem Wärmeschuh zwanglos folgen können. Das beim An- und Abheizen oft entstehende Knirschen und Knacken sowie das öftere Auftreten von Undichtigkeiten an den gleichen Stellen ist auf ungenügende Beachtung des Wärmeschubes zurückzuführen.

An Stellen, wo Rohrleitungen in das Mauerwerk eintreten oder aus ihm austreten, springt an den Rändern leicht der Putz ab. Um dies zu vermeiden, werden diese Stellen durch fest eingemauerte Metallrosetten geschützt.

B. STRANGABSPERRUNGEN

Um bei etwaigen Schäden und Ausbesserungsarbeiten die Heizungsanlage nicht gänzlich entleeren zu müssen, erscheint es zweckmäßig, die einzelnen Stränge nach Maßgabe der Bilder 12, 13 absperrbar einzurichten. Die Absperrungen sind im Vor- und Rücklauf anzubringen. Bei unterer Verteilung ist auch die Entlüftungsleitung mit einer Absperrung (gewöhnliches Wasserventil) zu versehen. Um das in den Strängen und Heizkörpern stehende Wasser ablassen zu können, sind oberhalb der unteren Absperrungen Entleerungshähne, unterhalb der oberen Absperrungen Belüftungshähne anzuordnen.

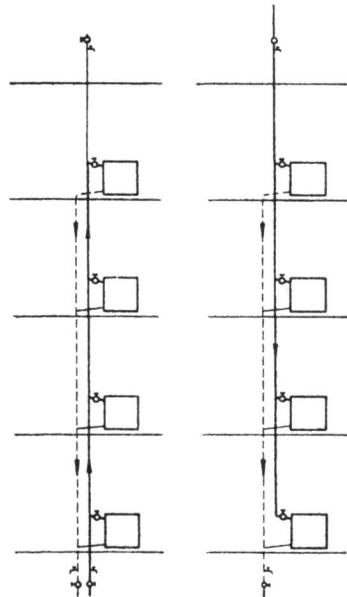

Bild 12. Strangabsperrungen bei unterer Verteilung

Bild 13. Strangabsperrungen bei oberer Verteilung

Die marktüblichen Absperrungen sind für diesen Zweck mit kleinen Entleerungshähnen, die auch zur Belüftung dienen, versehen.

Absperrventile (Koswaventile) verdienen gegenüber Schiebern den Vorzug, da diese bei der selten vorkommenden Benutzung nicht mehr dicht schließen.

Werden Sicherheitswege über die Stränge geleitet, so ist zu beachten, daß bei diesen Absperrungen unterbleiben müssen (s. S. 75).

2*

C. HEIZKÖRPERABSPERRUNGEN

Die Heizkörperabsperrungen haben zwei Aufgaben zu erfüllen; einmal sollen sie den Durchfluß regeln, um so die Wärmeleistungen der Heizkörper zwischen den Grenzen Warm und Kalt der Skalenanzeige beliebig einstellen zu können, dann fällt ihnen noch die Aufgabe zu, die Heizkörper auf die ihnen zukommende Höchstleistung zu begrenzen. Diese Voreinstellung wird einmalig bei der ersten Inbetriebsetzung der Anlage vorgenommen. Die Vereinigung dieser beiden Aufgaben hat zu einer Unzahl von mehr oder minder glücklichen Bauarten geführt. Um die hier zu lösende Aufgabe zu erkennen, ist in Bild 14 eine Einrichtung dargestellt, wie sie in älteren Zeiten oft verwandt wurde. Die Voreinstellung wird durch ein Regel-T-Stück bewirkt, während zur Heizkörperregelung gewöhnliche Absperrventile dienen. Angenommen, es sei durch Voreinstellung das Regel-T-Stück auf den halben Rohrquerschnitt gedrosselt und es werde das als völlig geöffnet gedachte Heizkörperventil (hier Schieber) geschlossen, dann ist leicht einzusehen, daß die Durchflußregelung nicht eher einsetzt, bis der Schieber den

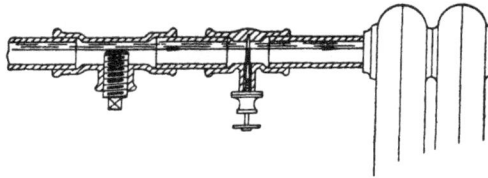

Bild 14. Verhalten der Voreinstellungen von Heizkörperabsperrungen

vorgedrosselten halben Querschnitt, wie es das Bild angibt, erreicht hat. Erst dann setzt die Durchflußregelung ein. Bis zu diesem Punkte ist also toter Gang vorhanden. Eine der Teilscheibe verhältnisgleiche Durchflußregelung ist demnach ausgeschlossen. Um diese zu erreichen, legt man die Vordrosselung in den Ventil- oder Hahnquerschnitt. Bei Hähnen ist die Bedingung ziemlich leicht zu erfüllen, wie Bild 15 zeigt. Die Voreinstellung wird durch Herunterschrauben des Hahnkörpers erreicht, die Einstellung ist an dem Zeiger des Griffes zu erkennen. Der tote Gang wird zweifellos vermieden. Eine der Teilscheibe verhältnisgleiche Durchflußregelung[1]) wird aber damit noch nicht erreicht. Hierzu ist erforderlich, dem Voreinstellkörper eine geeignete Form zu geben oder die Teilscheibe entsprechend zu eichen. Aber selbst dann, wenn die Bauart einer Heizkörperabsperrung eine verhältnisgleiche Regelung des Durchflusses zuläßt, so ist damit auch noch nicht gesagt, daß sich die Wärmeabgabe des Heizkörpers verhältnisgleich ändert, denn dies hängt noch von der sich einstellenden mittleren Heizkörpertemperatur ab.

[1]) J. Grönningsaeter: Die Widerstandzahl der Regelungsvorrichtungen von Warmwasserheizkörpern und die Proportionalität zwischen Einstellung und Durchfluß. Gesundh.-Ing. Bd. 56 (1933), S. 267.
L. Stiegler: Die Regelfähigkeit von Heizkörperventilen. Gesundh.-Ing. Bd. 57 (1934), S. 657.
Van der Kolk: Proportionalregelung von Heizkörperregelvorrichtungen. Gesundh.-Ing. Bd. 58 (1935), S. 453.

Die Hähne besitzen den Nachteil, daß sie im abgesperrten Zustande nicht genügend dicht schließen, was allerdings wegen der geringen Kräfte bei der Schwerkraftheizung weniger in Erscheinung tritt. Bei der Pumpenheizung hingegen wird man Ventile verwenden, um einen dichten Abschluß sicherzustellen. Zwar sind die Widerstände[1]) der Heizkörperventile oft sehr erheblich; dies ist aber bei Pumpenheizung kein Nachteil, da es ohnedies schwierig ist, die überschüssigen Drücke zu beseitigen. Bei den Heizkörperventilen wird meist die Ventilspindel samt dem Ventilkörper mit einer Bohrung versehen, in der sich die Spindel des Voreinstellkörpers bewegt. Dieser drosselt alsdann den Austrittsquerschnitt des Ventils. Die Sonderbauart nach Bild 16 läßt eine genaue, verhältnisgleiche Durch-

Bild 15. Heizkörperregelhahn
mit Voreinstellung im Hahnquerschnitt

Bild 16. Heizkörperventil
a Ventilkörper. b Drosselkörper

flußregelung zu und besitzt außerdem einen sehr geringen Durchflußwiderstand. Eine andere Bauart besteht in der Verbindung mit einem Hahn (Ventilhahn), bei der der Hahn die Vordrosselung ermöglicht und das Ventil den dichten Abschluß sicherstellt.

D. AUSDEHNUNGSGEFÄSS

Das Ausdehnungsgefäß hat die nicht unerhebliche Ausdehnung des Wasserinhaltes der Heizungsanlage aufzunehmen. Dieser kann annähernd wie folgt ermittelt werden. Man rechne je 1000 kcal/h Heizleistung

für Kessel . . . . . 3 l
für Rohrleitungen . . . 7 l
für Radiatoren . . . . . 18 l

S. 28 l je 1000 kcal/h.

Beim Aufheizen von + 10 auf 100° beträgt die Ausdehnung rd. 5 % des Wasserinhaltes. Damit ist der Ausdehnungsinhalt leicht bestimmbar.

[1]) *R. Ambrosius:* Untersuchungen an Regelvorrichtungen für Dampf- und Wasserheizkörper.
25. Mitt. d. Vers. f. Heizung u. Lüftg. d. T. H. Berlin. R. Oldenbourg, München 1919.

Von Bedeutung ist es, das Ausdehnungsgefäß reichlich groß zu wählen, damit sich nicht während der Nachtauskühlung der Wasserspiegel in den Bereich der Rohrleitungen senken kann, wodurch fortgesetzt Luft in den Kreislauf gelangen würde. Besonders bei oberer Verteilung ist Vorsicht geboten. Zu beachten ist ferner, daß beim Nachfüllen das Ausdehnungsgefäß nicht überfüllt wird. Deshalb wähle man die in Bild 17 gezeichnete Anordnung, die gleichzeitig auch die einzuhaltenden Größenverhältnisse festlegt.

Das Nachfüllen der Anlage mit kaltem Leitungswasser darf nur bei ungeheizten Kesseln erfolgen, die sonst leicht zerspringen würden. Die Nachfüllung soll aber erst vorgenommen werden, wenn der Wasserspiegel im Ausdehnungsgefäß einen zulässigen Tiefstand unterschreitet, der in der Höhe von etwa 1/3 des Ausdehnungsinhaltes anzunehmen ist. Der Wasserstand wird entweder durch einen Druckmesser (einfaches Manometer) oder ein Melderohr gemessen. Letzteres besteht aus einem zum Kesselhaus geführten 3/8''-Rohr, das dort mit einem Ventil verschlossen wird. Beim Nachprüfen des Wasserstandes muß der Heizer allerdings erst das im

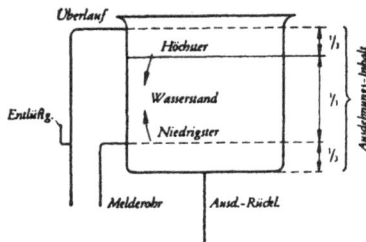

Bild 17. Ausdehnungsgefäß

Rohre stehende Wasser ablaufen lassen. Der Druckmesser wird zweckmäßig mit einer zweiten Marke versehen, um den höchst zulässigen Wasserstand im aufgeheizten Zustande zu erkennen. Dem Raum über dem tiefsten Wasserstand folgt der volle Ausdehnungsinhalt (höchster Wasserstand). Darüber ist ein Raum von etwa 1/3 des Wasserinhaltes bis Unterkante Überlaufrohr freizuhalten. In der Praxis pflegt man oft das Melderohr kurz unterhalb des Überlaufrohres anzubringen. Dies ist falsch, da der Heizer täglich veranlaßt wird, ohne Grund nachzuspeisen. Beim Hochheizen fließt nämlich der Ausdehnungsinhalt wieder ab. Im übrigen gelangt durch das fortgesetzte Nachspeisen kalten Wassers die hierin enthaltene Luft immer von neuem in das Rohrnetz.

Das Ausdehnungsgefäß stelle man grundsätzlich geschlossen mit abschraubbarem Deckel her. Zur Entlüftung ist das Gefäß mit einem Entlüftungsstutzen zu versehen. Die Entlüftung kann auch durch das Überlaufrohr erfolgen. Es sind hierzu die Rohrweiten der Sicherheitsleitungen einzuhalten (s. S. 124).

Die Überlaufleitung wird zweckmäßig bis zum Kesselhaus über einen Ausguß heruntergeführt; sie kann, soweit sie nicht zur Entlüftung dient, aus gußeisernem Abflußrohr von 70 bis 100 mm l. W. hergestellt werden.

E. HEIZFLÄCHENBEMESSUNG

Für die Bemessung der Heizflächen ist die allgemeine Wärmedurchgangsgleichung maßgebend:

$$W = F k (t_m - t_r). \tag{1}$$

worin bedeuten:

W die Wärmeabgabe des Heizkörpers in kcal/h,
F die Größe der Heizfläche in m²,
k die Wärmedurchgangszahl in kcal/m² h ° C,
t_m die mittlere Heizwassertemperatur des Heizkörpers

$$\left(\text{gewöhnlich ist } t_m = \frac{90 + 70}{2} = 80\,°C\right),$$

t_r die Temperatur der Raumluft in ° C.

Die Wärmedurchgangszahlen sind durchaus keine Festwerte. Sie sind von der Bauart des Heizkörpers abhängig, insbesondere von der Glieder- und Säulenzahl, dem Abstand der Glieder, von ihrer Höhe und dem Temperaturunterschied ($t_m - t_r$) Die k-Werte der gebräuchlichen Heizkörperarten sind genormt und können aus DIN 4720 und 4722 entnommen werden [1]). Bei Berechnung der Heizflächen aus dem gegebenen Wärmebedarf eines Raumes pflegt man für die betreffende Heizkörperart und die zu erreichende Raumtemperatur die zulässige Belastung je m² Heizfläche zu ermitteln, die sich aus Gl. 1 für $F = 1$ m² ergibt. Der gegebene Wärmebedarf braucht nur durch diese Belastungszahl geteilt zu werden, um die unterzubringende Heizkörperfläche zu erhalten.

Um eine möglichst gleichmäßige und zugfreie Raumbeheizung zu erzielen, pflegt man die Heizkörper an den Außenwänden unterzubringen. Bevorzugt wird die Anordnung in den Fensternischen, weil dadurch an Raum- und Wandfläche gespart wird.

Radiatoren mit Füßen werden zweckmäßig auf eine kleine Unterlage unmittelbar auf den Fußboden gestellt. Vorzuziehen ist jedoch ihre Anordnung auf Konsolen, die fest in die Wand eingemauert werden, einmal wegen der einfacheren Reinigungsmöglichkeit (denn hier bilden sich die größten Schmutzwinkel), dann vor allem im Hinblick auf die leichter, genauer und flotter auszuführenden Werkarbeiten, die unabhängig von der Verlegung des Fußbodens sind. Bekanntlich werden die Fußböden erst verlegt, wenn die Heizungsanlagen schon längst fertiggestellt sind.

Der Zwischenraum unterhalb des Heizkörpers bis zum Fußboden und oberhalb des Heizkörpers bis zum Lateibrett soll nach Möglichkeit 100 mm nicht unterschreiten.

F. WÄRMESCHUTZ

Alle Teile einer Heizungsanlage, die in unbeheizten Räumen liegen, müssen sorgfältig gegen Wärmeabgabe geschützt werden. Es ist dies eine wirtschaftliche Notwendigkeit, der leider in der Praxis keine allzu große Bedeutung beigemessen wird. Gewöhnlich werden die innerhalb der Gebäude liegenden Verteilungsleitungen mit einem Kieselgurauftrag von 20 mm Stärke versehen, der mit einer Gipsschicht abgeglättet, mit Nesselbandagen umwickelt und mit Tonfarbe oder Heizkörperlack gestrichen wird. Die Wirkung des Wärmeschutzes ist wesentlich von

---

[1]) Arbeitsmappe des Heizungsingenieurs. Blätter D 1 bis D 12. 4. Aufl. Düsseldorf 1950, Deutscher Ingenieur-Verlag GmbH

den Bindemitteln abhängig, die der Kieselgur zugesetzt werden, worüber jeder
Einblick fehlt. Da bei Heizungsanlagen eine Prüfung des Wärmeschutzes nicht
üblich ist, ist stark zu bezweifeln, daß der wirtschaftliche Zweck so vollkommen
erreicht wird, wie es notwendig wäre. Guter Wärmeschutz ist auch deshalb erforderlich, um die Kellerräume nicht völlig zu entwerten.

Maßgebend für die Beurteilung des Wärmeschutzes ist die möglichst geringe Leit-
fähigkeit λ des Stoffes. Je leichter und poröser dieser ist, um so besser ist seine
wärmeschützende Wirkung einzuschätzen.

5. THEORETISCHE GRUNDLAGEN

A. DIE UMLAUFENDEN WASSERMENGEN UND DIE KRÄFTE IM ROHRNETZ

Die Bemessung der Heizkörperflächen nach Gl. 1 macht weiter keine Schwierigkeiten. Damit die Heizkörper jedoch ihren Zweck erfüllen können, müssen ihnen
auch aus dem Rohrnetz die zugedachten Wärmemengen zugespeist werden. Die
Heizflächenbemessung richtet sich nach den anzunehmenden Vor- und Rücklauftemperaturen (meist 90 bzw. 70°); damit wird gleichzeitig die Größe der den
Heizkörpern zuzuführenden Wassermengen festgelegt, die den verlangten Wärme-
betrag abzuliefern haben. Die spez. Wärme des Wassers ist annähernd gleich 1.
Kühlt sich 1 l Wasser beim Durchfluß durch einen Heizkörper von 90 auf 70° ab,
dann gibt es 20 kcal an ihn ab. Beträgt die stündliche Wärmeleistung des Heizkörpers W Wärmeeinheiten, dann wird die ihm zuzuführende Wassermenge Q

$$Q = \frac{W}{20}. \tag{2}$$

Um die einem Heizkörper zuzuführende Wassermenge zu erhalten, ist seine
Wärmeleistung nur durch den Temperaturunterschied zwischen dem Vor- und
Rücklaufanschluß zu teilen. Beträgt dieser Unterschied bei beliebigen Vor- und
Rücklauftemperaturen ϑ, dann ergibt sich die für die Bemessungstechnik wichtige
allgemeine Grundgleichung:

$$Q = \frac{W}{\vartheta}. \tag{3}$$

Mit Hilfe dieser Gl. 2 bzw. 3 werden für sämtliche Heizkörper einer Anlage die
Wassermengen bestimmt. Die Belastung der einzelnen Rohrstrecken ergibt sich
von selbst durch Zusammenzählen der entsprechenden Wassermengen der Heizkörper. Damit ist die Berechnung der Warmwasserheizung auf die Berechnung
eines Wasserrohrnetzes zurückgeführt.

Dem Wasser werden beim Umlauf im Rohrnetz Widerstände entgegengesetzt.
Diese entstehen durch Reibung an den Rohrwandungen und durch innere Reibung
der sich bewegenden Flüssigkeitsteilchen untereinander. Ferner entstehen noch
Widerstände durch Stoß und plötzliche Geschwindigkeitsänderungen in Krüm-

mern, Winkeln, Ventilen, Hähnen, Kesseln, Heizkörpern usw. Die plötzlich und
einzeln auftretenden Widerstände bezeichnet man im Gegensatz zu den stetig ver-
laufenden Reibungswiderständen als Stoß- oder Einzelwiderstände. Diese sind
sehr erheblich und überwiegen meist die Rohrreibung.

Es müssen nun Kräfte vorhanden sein, die den Kreislauf des Wassers gegenüber
den im Rohrnetz auftretenden Reibungs- und Einzelwiderständen sicherstellen.
Die Aufgabe läuft also darauf hinaus,

      1. diese Kräfte,

      2. die Widerstände

zu bestimmen.

B. DER WIRKSAME DRUCK

Zur Ableitung der Gesetze der Kräfte, die den Kreislauf des Wassers bewirken,
dient das einfache Kreislaufmodell (Bild 18), bestehend aus einem Kessel und

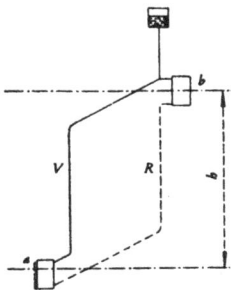

Bild 18. Kreislaufmodell
mit Heizkörper und Kessel

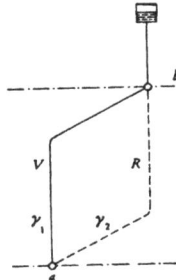

Bild 19. Kreislaufmodell
mit Erwärmungs- und Ab-
kühlungspunkt

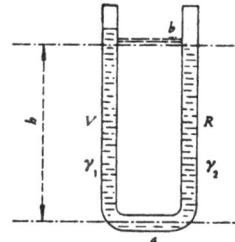

Bild 20. Kommunizierende
Röhre

einem Heizkörper mit angeschlossenen Vor- und Rücklaufleitungen (V, R). Vor-
läufig wird dieses Modell durch Bild 19 ersetzt, in dem die Annahme getroffen
wurde, daß die Erwärmung des Wassers in der Mittelebene des Kessels und die
Abkühlung in der Mittelebene des Heizkörpers erfolge, oder kurz gesagt: es
wird angenommen, daß Erwärmung bzw. Abkühlung in den gedachten Punkten a, b des Rohrzuges des Bildes 19 stattfinden. Auf die Zulässigkeit dieser Annahme wird später noch zurückzukommen sein.

Im Vor- und Rücklauf stehen sich zwei Wassersäulen verschiedener Schwere
gegenüber, die eine kommunizierende Röhre gemäß Bild 20 bilden. Nimmt man
für einen Augenblick ruhende Wassersäulen an, dann wird sich die leichtere
Wassersäule im Vorlaufschenkel V um einen bestimmten Betrag höher einstellen
als im Rücklauf R. Werden beide Schenkel durch das bei b gestrichelt gezeichnete
Röhrchen verbunden, dann fließt die überhöhte Wassermenge vom Schenkel V
nach b ab. Die fortwährende Erwärmung im Punkte a und Abkühlung im Punkte b
bewirkt ein ständiges Überfließen der überhöhten Wassermenge. Diese erzeugt

beim Fallen vom Abkühlungspunkte b bis zum Erwärmungspunkte a (also um
die Höhe h) die Arbeitsleistung zum Umtriebe des Wassers. Die im Erwärmungspunkte a stattfindende Ausdehnung wird im Abkühlungspunkte b wieder rück-
gängig gemacht, so daß sich stets zwei Wassersäulen gleicher Höhe h mit den
Wichten γ_1 im Vorlauf und γ_2 im Rücklauf gegenüberstehen. Der Gewichtsunterschied dieser beiden Wassersäulen, bezogen auf 1 m² Querschnitt, ergibt den wirksamen Druck p in kg/m² oder mit der gleichen zahlenmäßigen Angabe in mm W S
von $4°$ C

$$p = h\,(\gamma_2 - \gamma_1). \tag{4}$$

Die Arbeit, die dieser Druck zum Umtriebe des Wassers leistet, erhalten wir
nicht umsonst. Es liegt hier ein rein thermodynamischer Kreisvorgang vor, bei
dem das Wasser der arbeitende Körper ist, der bei seinem Kreislauf nach Maßgabe des Bildes 19 thermischen Zustandsänderungen unterworfen wird. Diese bestehen darin, daß sich das Wasser im Erwärmungspunkte unter einem höheren
Druck[1]) ausdehnt und sich im Abkühlungspunkte unter einem niedrigeren Druck
wieder zusammenzieht. Damit ist der mathematische Ansatz zur Berechnung der
aus Wärme gewonnenen Arbeit gegeben, die zunächst in verfügbare Schwerkrafts-
arbeit umgesetzt wird, welche beim Niederfallen des schwereren Rücklaufwassers
zum Kessel wieder frei wird. Über die Wärme, die bei dem Kreisvorgang in Arbeit
umgesetzt wird, bestehen recht phantasievolle Ansichten. Sie liegt selbst bei sehr
großen Anlagen in der Größenordnung einiger Wärmeeinheiten; aber auch dieser
Betrag wird als Reibungs- und Stoßwärme wieder zurückgewonnen. Das Kreislaufmodell stellt eine Kraftmaschine dar, die die Arbeit erzeugt, gleichzeitig aber
auch eine Arbeitsmaschine, die die erzeugte Arbeit wieder verbraucht. In letzterem
Sinne ist das Kreislaufmodell weiter nichts als eine ventillose Pumpe, allerdings
von besonderer Eigenart, die mit der Arbeitsweise unserer Kreiselpumpen nicht
unmittelbar verglichen werden kann.

C. DER SATZ VOM WÄRMEMITTELPUNKT

In der Praxis finden, von einigen Ausnahmen abgesehen, die Erwärmungs- und
Abkühlungsvorgänge nicht in einem Punkte, sondern über räumlich ausgedehnten
Heizflächen statt. Es bleibt deshalb noch zu untersuchen, wie sich dieser Einfluß
unter den veränderten Verhältnissen auswirkt. In Bild 21 ist ein Kreislaufmodell
nach Art des Bildes 18 dargestellt, in dem der Heizkörper durch eine beliebig
schräg im Raume gelagerte Rohrstrecke ersetzt worden ist. Der übrige Teil des
Rohrzuges sei gegen Wärmeabgabe geschützt. Bei nicht zu langen Rohrstrecken
und nicht zu großem Temperaturabfall kann praktisch die längs der Rohrstrecke
stattfindende Abkühlung durch einen im Mittelpunkt b der Strecke vorsichgehen-
den Abkühlungsvorgang ersetzt werden. Dies ist der Satz vom Wärmemittelpunkt,

---

[1]) *M. Wierz:* Die Entwicklung der Kräfte in Schwerkraftwarmwasserheizungen auf thermo-
dynamischer Grundlage. Gesundh.-Ing. Bd. 56 (1933), S. 517.
Dupuy: Die Lehrmeinung über den Umlauf des Wassers in Warmwasserheizungen. Gesundh.-
Ing. Bd. 58 (1935), H. 2.

dessen mathematischer Nachweis im Ges.-Ing. Jahrg. 1924, S. 159, zu finden ist.
Mit Hilfe dieses Satzes ist es möglich, alle für Erwärmungs- und Abkühlungspunkte gefundenen Gesetzmäßigkeiten auf räumlich ausgedehnte Heizflächen-
gebilde zu übertragen. Es bleibt demnach für die
Rohrstrecke des Bildes 21 das abgeleitete Gesetz
Gl. 4 des wirksamen Druckes bestehen, wenn die
Höhe *h* vom Mittelpunkt *b* der Strecke aus gemessen
wird. Bei dicht zusammengedrängten Heizflächen,
wie dies bei Kesseln und Heizkörpern der Fall ist,
trifft der Satz vom Wärmemittelpunkt mit großer
Annäherung zu. Die hinsichtlich langer Rohrleitungen gemachten Einschränkungen können mit Hilfe
des im nachfolgenden Abschnitt abzuleitenden Satzes
von der Summe der Einzeldrücke beseitigt werden.

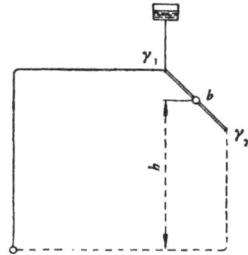

Bild 21. Kreislaufmodell mit
abkühlender Rohrstrecke

D. DER SATZ VON DER SUMME DER EINZELDRÜCKE

Hintereinandergeschaltete Abkühlungspunkte. — Es sei angenommen, daß in dem Kreislaufmodell des Bildes 22 mehrere, hier drei, Abkühlungspunkte hintereinander geschaltet sind, ein Fall, der z. B. beim Einrohrsystem, Bild 8, verwirklicht ist, bei dem sich das Rücklaufwasser der Heizkörper
mit dem Wasser des Steigstranges mischt; die Mischpunkte stellen also die so-
genannten Abkühlungspunkte dar.
Für die Ermittlung des wirksamen Druckes stehen uns drei Verfahren zur Verfügung: das älteste, das Zonenvergleichsverfahren von *H. Rietschel*, das Gewichts-
vergleichsverfahren zwischen Abkühlungs- und Erwärmungsstrang von *H. Recknagel* und der vom Verfasser[1]) im Jahre 1924 abgeleitete Satz von der Summe
der Einzeldrücke.
Es sei zunächst angenommen, daß außer in den genannten Punkten des Bildes 22
kein Wärmeaustausch eintritt, die Leitungen also ideal gegen Wärmeabgabe geschützt sind. Die Abstände vom Erwärmungspunkt *K*, also dem Kesselmittel,
sind h_1, h_2 und h_3 in m, die Wichten des Wassers im Steigstrang γ_1 und beim
Verlassen der Abkühlungspunkte γ_2, γ_3 und γ_4 in kg/m³.
Nach dem *Rietschel*schen Verfahren vergleicht man die Gewichte der Wassersäulen
des Fall- und Steigstranges innerhalb der durch die strichpunktierten Waagerechten des Bildes 22 angedeuteten Zonen. Die Gewichtsunterschiede betragen in
den Zonen

$$\text{zwischen Punkt } 1 \text{ und } 2: \quad (h_1 - h_2)\,(\gamma_2 - \gamma_1),$$
$$\text{zwischen Punkt } 2 \text{ und } 3: \quad (h_2 - h_3)\,(\gamma_3 - \gamma_1),$$
$$\text{zwischen Punkt } 3 \text{ und } K: \quad h_3\,(\gamma_4 - \gamma_1).$$

Die Summe ergibt den wirksamen Druck *p* in kg/m² oder mm WS:

$$p = (h_1 - h_2)(\gamma_2 - \gamma_1) + (h_2 - h_3)(\gamma_3 - \gamma_1) + h_3(\gamma_1 - \gamma_1) \quad (Rietschel). \quad (5a)$$

---

[1]) *M. Wierz*: Theorie des wirksamen Druckes. Gesundh.-Ing. Bd. 47 (1924), S. 159.

Einfacher ist das Verfahren von *H. Recknagel*. Die Wassersäulen oberhalb der durch den Abkühlungspunkt *1* gelegten Waagerechten bleiben unberücksichtigt, da hier die Wichten in beiden Strängen gleich γ_1 sind. Die Gewichte der Wassersäulen betragen

im Fallstrang: $(h_1 - h_2)\,\gamma_2 + (h_2 - h_3)\,\gamma_3 + h_3\,\gamma_4$,

im Steigstrang: $h_1\,\gamma_1$.

Der Gewichtsunterschied der beiden Stränge ergibt den wirksamen Druck

$$p = (h_1 - h_2)\,\gamma_2 + (h_2 - h_3)\,\gamma_3 + h_3\,\gamma_4 - h_1\,\gamma_1 \quad (H.\,Recknagel). \qquad (5\,\mathrm{b})$$

Durch einfache Umformung der Gl. 5a oder 5b erhält man:

$$p = h_1\,(\gamma_2 - \gamma_1) + h_2\,(\gamma_3 - \gamma_2) + h_3\,(\gamma_4 - \gamma_3) \quad (Wierz). \qquad (5\,\mathrm{c})$$

Die einzelnen Glieder dieser Gleichung stellen aber weiter nichts dar, als die in gewöhnlicher Weise für beliebige Heizkörper oder Abkühlungspunkte gemäß Gl. 4 gebildeten wirksamen Drücke, deren Summe eben gleich dem im Stromkreis wirkenden Gesamtdruck p ist. Daher der Name »Satz von der Summe der Einzeldrücke«.

Da man nach diesem Satze alle in dem Stromkreis befindlichen Rohr- oder Teilstrecken als hintereinandergeschaltete Heizkörper, für welche die Einzeldrücke gemäß Gl. 4 gelten, auffassen kann, können wir uns von der Voraussetzung ideal gegen Wärmeabgabe geschützter Rohrleitungen freimachen und die in diesen entwickelten Einzeldrücke mit in den Satz einbeziehen, d. h. wir können ihn auf eine beliebige Anzahl von Wärmemittelpunkten ausdehnen und schreiben:

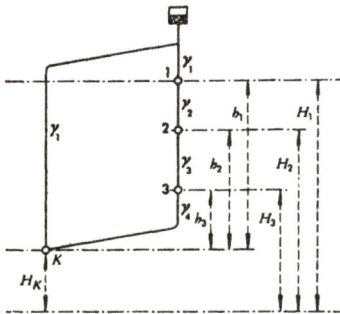

Bild 22. Hintereinandergeschaltete Abkühlungspunkte

$$p = \Sigma\,h_i(\gamma_{i+1} - \gamma_i). \qquad (6\,\mathrm{a})$$

i bedeutet einen beliebig aus dem Stromkreis herausgegriffenen Abkühlungspunkt, γ_{i+1} zeigt an, daß die in Richtung der Strömung dem Punkte i nachfolgende Wichte zuerst und die Wichte γ_i vor dem Punkte i zuletzt eingesetzt wird. Diese Regel ist zu beachten, da sich dann die Vorzeichen von selbst richtig ergeben, gleichgültig, ob es sich um Erwärmungs- oder Abkühlungspunkte handelt. Einfacher ist jedoch folgende Regel: Alle oberhalb der Bezugslinie (von der die Höhenabstände gezählt werden) liegenden Abkühlungspunkte ergeben positive, Erwärmungspunkte negative Einzeldrücke; unterhalb der Bezugslinie drehen sich die Verhältnisse um.

Diese Regeln mitsamt der Gl. 6a bleiben auch bestehen, wenn man die in Bild 22 durch den Wärmemittelpunkt gelegte Bezugslinie beliebig parallel nach oben oder unten verschiebt. So z. B. ist in Bild 22 die Bezugslinie um die Höhe H_K nach unten verschoben. Mit den neuen mit H_1, H_2 usw. bezeichneten Höhenabständen lautet dann die Gl. 6a:

$$p = \Sigma\,H_i(\gamma_{i+1} - \gamma_i). \qquad (6\,\mathrm{b})$$

Diese Gleichung erleichtert z. B. die Berechnung der Stockwerkheizung, indem man die Bezugslinie nach dem Fußboden verlegt.

Der Satz von der Summe der Einzeldrücke hat wegen seiner klaren physikalischen Deutung und seiner einfachen praktischen Anwendung die Verfahren von *Rietschel* und *Recknagel* verdrängt.

Gleichgeschaltete Abkühlungspunkte. — In Bild 23 sind zwei nebeneinandergeschaltete Abkühlungspunkte verschiedener Höhenanlage angenommen worden, deren Zusammenarbeiten näher zu untersuchen ist. Jedem der Abkühlungspunkte fließt eine bestimmte Wassermenge zur Speisung des Heizkörpers zu. In Bild 24 ist die Anordnung des Bildes 23 durch eine gedachte, gestrichelt gezeichnete Scheidewand in zwei Rohrsysteme aufgelöst, die jedes für sich die den Abkühlungspunkten zugehörigen Wassermengen fördern. Für jeden dieser getrennten Stromkreise gilt in der Voraussetzung gleicher Vor- und Rück-

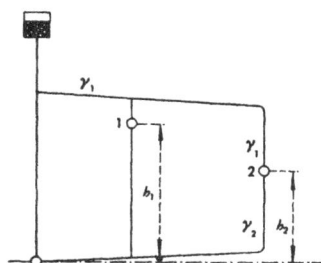

Bild 23. Gleichgeschaltete Abkühlungspunkte. Gemeinsame Stromkreise

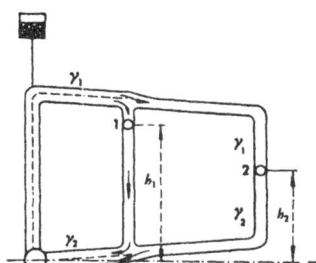

Bild 24. Gleichgeschaltete Abkühlungspunkte. Getrennte Stromkreise

lauftemperaturen das nach Maßgabe des Bildes 19 gefundene Gesetz des wirksamen Druckes gemäß Gl. 4

$$\text{für Punkt } 1 \quad p_1 = h_1\,(\gamma_2 - \gamma_1),$$
$$\text{für Punkt } 2 \quad p_2 = h_2\,(\gamma_2 - \gamma_1).$$

Denkt man sich nunmehr die Scheidewand wieder weg, legt also beide Stromkreise wieder zusammen, so ist leicht einzusehen, daß, da voraussetzungsgemäß die Temperaturen dieselben bleiben, sich an den Verhältnissen nichts ändert. Jeder der beiden Stromkreise arbeitet unabhängig mit den ihnen zugehörigen wirksamen Drücken weiter, während in den zusammengelegten Rohrteilstrecken die Summe der Wassermengen gefördert wird. Faßt man die Abkühlungspunkte (Heizkörper) als kleine Pumpen auf, so ist zu sagen, daß diese in den über Kessel und Heizkörper geführten Stromkreisen ihren eignen Wasserfaden mit den zugehörigen Wassermengen in Umlauf halten. Eine Warmwasserheizung besteht nun aus einer großen Anzahl solcher »Heizkörperpumpen«, die alle ihre eignen Stromkreise versorgen. Ihre Wasserfäden schließen sich in den gemeinsamen Leitungen zu Strombündeln zusammen, die alle über den Kessel (Erwärmungspunkt) laufen. Hier ist die zu fördernde Wassermenge gleich der Gesamtsumme aller Wasserleistungen der einzelnen Stromkreise bzw. der Heizkörper.

Es können außerdem noch in einem Heizkörperstromkreis (z. B. bei oberer Verteilung und bei der Stockwerkheizung) beliebige hintereinander geschaltete Abkühlungspunkte vorhanden sein. Wegen der nachgewiesenen Unabhängigkeit der Stromkreise voneinander bleibt auch hier für jeden Stromkreis das Gesetz von der Summe der wirksamen Drücke Gl. 5 c bestehen, das also für beliebig verästelte Rohrsysteme gültig bleibt. Den in einem Stromkreis entwickelten Kräften stehen die Widerstände des Rohrnetzes gegenüber, die den Wasserumlauf hemmen. Bezeichnet man kurz die Summe der Widerstände mit Σw, dann gilt der Satz:

$$\Sigma h_i (\gamma_{i+1} - \gamma_i) - \Sigma w = 0. \tag{7}$$

Er besagt weiter nichts als die selbstverständliche Forderung, daß zur Erzielung des Wasserumlaufes die in einem Stromkreise tätigen Kräfte so groß sein müssen, daß sie die im Rohrnetz entstehenden Widerstände überwinden.

U n g l e i c h m ä ß i g e R ü c k l a u f t e m p e r a t u r e n. — Bei der Untersuchung gleichgeschalteter Abkühlungspunkte (Heizkörper) wurde, wie das beim Zweirohrsystem bisher üblich ist, angenommen, daß die Rücklauftemperaturen aus allen Heizkörpern gleich sind. Jedoch kommt es sehr oft vor, daß einzelne Heizkörper vorlaufen, andere zurückbleiben. Bei den ersteren tritt das Rücklaufwasser mit

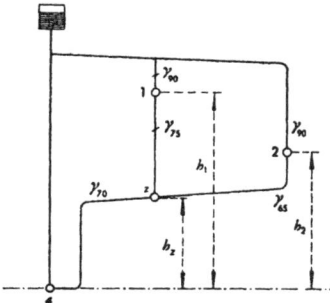

Bild 25. Abkühlungspunkte mit verschiedenen Rücklauftemperaturen

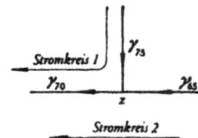

Bild 26. Zusammenflußpunkt z des Bildes 25

höheren, bei den letzteren mit niederen Temperaturen aus den Heizkörpern aus. Dort, wo diese Wassermengen in gemeinsamen Leitungen zusammenfließen, mischen sie sich und rufen Temperaturänderungen und damit Änderungen der Wichte hervor, wodurch recht unliebsame Kreislaufstörungen entstehen können. Zur Aufklärung dieser Verhältnisse dient Bild 25, in der die Rohrführung des Bildes 23 etwas geändert ist. Von den beiden Abkühlungspunkten (Heizkörpern) *1* und *2* komme jetzt das Wasser mit verschiedenen Rücklauftemperaturen und somit verschiedenen Wichten zurück. Um diesen wichtigen Vorgang klar herauszuarbeiten, sei angenommen, daß im Punkte *1* die Rücklauftemperatur 75°, im Punkte *2* hingegen 65° und die Mischtemperatur 70° beim Zusammenfluß im Punkte *z* betrage; die Vorlauftemperatur sei 90°; der Zusammenflußpunkt *z* liegt 3 m über Kesselmitte ($h_z = 3,0$ m).
Nach dem Gesetz von der Summe der Einzeldrücke Gl. 5 c oder 6 a sind die wirksamen Gesamtdrücke p_1 und p_2 der Stromkreise der beiden Heizkörper *1* und *2* unter Berücksichtigung der Vorzeichenregel:

$$p_1 = h_1 (\gamma_{75} - \gamma_{90}) + h_z (\gamma_{70} - \gamma_{75}), \tag{8}$$

$$p_2 = h_2 (\gamma_{65} - \gamma_{90}) + h_z (\gamma_{70} - \gamma_{65}). \tag{9}$$

Für die augenblicklichen Betrachtungen kommen vor allem die beiden letzten Glieder der Gl. 8 und 9 in Frage, welche die in dem Zusammenflußpunkte z entstehenden Einzeldrücke darstellen. Die voraufgegangenen Bemerkungen lassen bereits entscheiden, wie sich die Vorgänge im Punkte z auswirken. Faßt man den Stromkreis *1* ins Auge (s. Bild 26), so ist festzustellen, daß sich in diesem Punkte das Wasser von 75° auf 70° abkühlt. Es liegt also ein Abkühlungspunkt vor, der sicher eine positive Druckhöhe ergibt. Für den Stromkreis 2 hingegen tritt im Punkte z eine Erwärmung von 65° auf 70° ein, der Einzeldruck ist also sicher negativ, schwächt also den Kreislauf. Setzt man die Wichten nach Tafel 1 im Anhang in die Gl. 8 und 9 ein, so ergibt sich folgendes:

Stromkreis 1: $\quad h_z (\gamma_{70} - \gamma_{75}) = 3{,}0\,(977{,}8 - 974{,}9) = +\,8{,}7\ \text{mm WS}, \qquad (10)$

Stromkreis 2: $\quad h_z (\gamma_{70} - \gamma_{65}) = 3{,}0\,(977{,}8 - 980{,}6) = -\,8{,}4\ \text{mm WS}. \qquad (11)$

Aus diesem Beispiele ergeben sich für die Praxis außerordentlich wichtige Folgerungen. Wird eine Schwerkraftheizung nicht richtig oder oberflächlich berechnet, so daß einzelne Heizkörper vorlaufen oder andere zurückbleiben, dann entstehen an den Zusammenflußpunkten Kräfte, die die begünstigten Heizkörper noch günstiger, hingegen die ungünstigen Heizkörper noch ungünstiger stellen, so daß oft deren Kreislauf zum Erliegen oder gar zum Rückwärtslaufen gebracht wird. Bei Stockwerkheizungen mit hochliegendem Rücklauf besteht leicht die Möglichkeit, daß die in dem Beispiel angenommenen Verhältnisse eintreten. Bei dieser Heizungsart steht im allgemeinen ein wirksamer Gesamtdruck von etwa 15 mm WS zur Verfügung. Wenn man bedenkt, daß ein einziger Zusammenflußpunkt eine Verschiebung der Stromkreiskräfte um rd. 8 mm WS hervorrufen kann, dann erklärt sich leicht, daß viele dieser Anlagen in der Praxis versagen. Bei gewöhnlichen Warmwasserheizungen treten diese Schwierigkeiten bevorzugt auf, wenn der Abstand vom Kessel bis zu den niedrigsten Heizkörpern gering ist, also besonders dann, wenn Kellerheizkörper angeschlossen werden müssen. Die Gl. 5c oder 6a geben aber gleichzeitig an, wie diese unangenehmen Erscheinungen zu überwinden sind. Man hat nur die Höhe h_z in dem Bild 25 gleich null zu machen, d. h. man verlegt die Rücklaufleitung ungefähr in der Höhe des Kesselmittels oder man gibt den niedrigstehenden Heizkörpern eine völlig von den andern Heizkörpern getrennte Rückleitung zum Kessel.

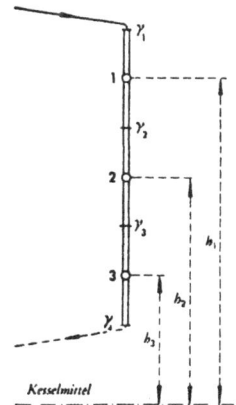

Bild 27. Wirksamer Druck eines Heizstranges

Erweiterung des Satzes vom Wärmemittelpunkte. — Die Gültigkeit dieses Satzes wurde an die Bedingung geknüpft, daß der Temperaturabfall wie auch die Länge der Leitungen nicht zu groß sein dürfe. Von diesen Bedingungen kann man sich unabhängig machen, indem man die Rohrstrecke in mehrere kleinere Strecken auflöst und auf diese den Satz von der Summe der Einzeldrücke anwendet. Auf diese Weise ist jeder nur gewünschte Genauigkeitsgrad zu erreichen. Dies ist z. B. für einen Rohrheizstrang des Bildes 27 durchgeführt, der in drei Teile aufgelöst worden ist, in deren Mitten die Abkühlungspunkte anzunehmen sind. Der wirksame Gesamtdruck ist gemäß Gl. 5 c

$$p = h_1 (\gamma_2 - \gamma_1) + h_2 (\gamma_3 - \gamma_2) + h_3 (\gamma_4 - \gamma_3).$$

Es sei aber gleichzeitig bemerkt, daß für den praktischen Fall diese Unterteilung unterbleiben kann und die Annahme des Wärmemittelpunktes in der Mitte des Heizstranges ausreichend genau ist.

Wenn praktisch sich oft wiederholende Heizflächen vorliegen, kann es vorteilhaft sein, einen gemeinsamen Wärmemittelpunkt h_x, bezogen auf den Wichteunterschied zwischen Ende und Anfang der Heizfläche, zu bestimmen; dann würde für den wirksamen Druck die Gleichung anzusetzen sein

$$p = h_x (\gamma_4 - \gamma_1),$$

so daß man in Verbindung mit obiger Gleichung erhält:

$$h_x = \frac{h_1 (\gamma_2 - \gamma_1) + h_2 (\gamma_3 - \gamma_2) + h_3 (\gamma_4 - \gamma_3)}{(\gamma_4 - \gamma_1)}.$$

Die Gleichung bleibt auch gültig, wenn die Bezugslinie verschoben wird; es treten dann darin statt der Höhen h_x, h_1, h_2 usw. die Höhen H_x, H_1, H_2 usw. auf. In dieser Form ist sie z. B. geeignet, die Wärmemittelpunkte von Kleinkesseln zu bestimmen[1]), worüber heute noch große Unklarheiten bestehen.

6. DIE WIDERSTÄNDE IM ROHRNETZ

A. DIE REIBUNGSWIDERSTÄNDE

Zerlegt man den Querschnitt eines Rohres in eine größere Anzahl kleiner, kreisförmiger Schichten (Bild 28), dann ist folgendes festzustellen: Von der Rohrwand nach der Rohrachse zu versucht jede der strömenden Wasserschichten die aufeinanderfolgenden in der Bewegung zu hemmen, was zur Folge hat, daß die Wassergeschwindigkeiten im Rohrquerschnitt durchaus nicht gleichmäßig sind. Sie nehmen von der Rohrwandung bis zur Rohrachse, wo sie am größten sind, stetig zu. Es ergibt sich eine parabelähnliche Geschwindigkeitsverteilung (s. Bild 28). Diese ist bei ganz geringen Geschwindigkeiten sogar genau eine Parabel. Die letzterem Vorgange zugrunde liegende Gesetzmäßigkeit (Poiseuille-Gesetz) kann wissenschaftlich abgeleitet werden, ist aber für die Heizungstechnik ohne Bedeutung, da dieser Geschwindigkeitsbereich praktisch nicht in Frage kommt. Bei dieser unter dem Namen »laminare« (Schichten-)Strömung bekannten Erscheinung verschieben sich die kreisförmigen Wasserschichten teleskopartig

---

[1]) M. Wierz: Zur Berechnung der Warmwasserheizung: Erweiterung des Satzes von der Summe der Einzeldrücke. Heizg. — Lüftg. — Haustechn. Bd. 2 (1951), S. 1.

gegeneinander, ohne daß ein Austausch von Flüssigkeitsteilchen der aneinander-
grenzenden Schichten stattfindet. An diesen treten Reibungskräfte auf, die von
der Eigenart der betreffenden Flüssigkeit abhängen. Diese Reibungskraft, auch
innere Reibung, Zähigkeit, Viskosität genannt, ist ein physikalischer Festwert,
der sich für Wasser mit der Temperatur erheblich ändert. Mit zunehmender Temperatur nimmt die innere Reibung stark ab, das Wasser wird, kurz gesagt, dünn-
flüssiger. Bei gleichem Anfangsdruck ist daher die Wasserförderung eines Rohres
im heißen Zustande größer als im kalten Zustande. Die Reibung an den Rohrwandungen ist im wesentlichen von der Rauheit der Oberfläche abhängig und
physikalisch schwer zu erfassen.

Der Übergang von der laminaren (Schichten-)Strömung zu der praktisch in Rechnung zu stellenden sog. »turbulenten« Strömung vollzieht sich von einer gewissen
»kritischen« Geschwindigkeit an ganz plötzlich. Das Gesetz, das ursprünglich
linear mit der mittleren Wassergeschwindigkeit im Rohrquerschnitt verläuft,
nähert sich der zweiten Potenz der Geschwindigkeit. Dies erklärt sich wie folgt:
Die vorhin beschriebene teleskopartige Verschiebung der Flüssigkeitsschichten
wird gestört. Zwischen diesen findet jetzt
ein Austausch der Flüssigkeitsteilchen
statt, die infolge ihrer in Richtung und
Größe verschiedenen Geschwindigkeiten
zum Stoß miteinander gelangen. Die
Flüssigkeitsteilchen bewegen sich in wir-
ren, unübersichtlichen Bahnen, daher
der Name »Turbulenz«. Die zahlreich
unternommenen Versuche, eine rein

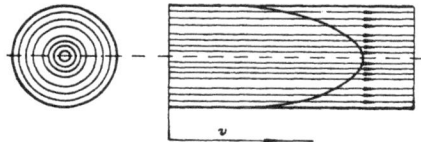

Bild 28. Geschwindigkeitsverteilung
im Rohrquerschnitt bei laminarer Strömung

wissenschaftliche Lösung der turbulenten Strömung zu finden, mußten daran
scheitern, den turbulenten Zustand, also vor allem die Menge der zum Stoß ge-
langenden Flüssigkeitsteilchen, zu erfassen. Das Stoßgesetz geht mit dem Quadrate der Geschwindigkeit vor sich. Die laminare Strömung wird von diesem
Gesetz überlagert, woraus sich die Annäherung des Gesetzes der turbulenten
Strömung an die zweite Potenz der mittleren Wassergeschwindigkeit im Rohrquerschnitt erklärt. Die Forschung ist zu dem Ergebnis gekommen, daß sich an
der Rohrwand eine Grenzschicht (Prandtlsche Grenzschicht), in der laminare
Strömung herrscht, ausbildet, die bis zur Rohrmitte in turbulente Strömung
übergeht.

Unter Leitung von Prof. Dr. K. Brabbée[1]) wurden in der Versuchsanstalt für
Heizung und Lüftung der Technischen Hochschule zu Berlin umfangreiche Versuche mit allen für die Heizungstechnik in Betracht kommenden Rohrarten an-
gestellt. Bei den Versuchen mit Siederrohren mußten große Wassermengen vermittelst einer Pumpe umgewälzt werden. Dies führte dazu, daß die Strömung
nicht vollständig ausgeglichen war, weshalb die Versuchswerte etwas höher liegen
als bei ausgeglichener Strömung. Infolge der zahlreichen im Rohrnetz einer

---

[1]) 14. u. 15. Mitt. der Versuchsanstalt für Heizung und Lüftung der Techn. Hochschule Berlin. München 1912, R. Oldenbourg.

Warmwasserheizung vorhandenen Einzelwiderstände kann man darin nicht mit ausgeglichener Strömung rechnen. Daher müssen die von der Versuchsanstalt gefundenen Gesetze für den Zweck der Warmwasserheizung (insbesondere der Pumpenheizung) als recht zuverlässig angesehen werden, was ja an zahllosen ausgeführten Anlagen erprobt ist. Für eine mittlere Heizwassertemperatur gilt folgendes Gesetz:

$$R = \frac{p_r}{l} = 4850 \frac{v^{1,86}}{d^{1,37}}. \qquad (12)$$

In dieser Gleichung bedeuten:

R das Reibungsgefälle, d. h. den Druckabfall je m Rohr, in mm WS/m,

l die Länge des Rohres in m,

p_r den Reibungsverlust in mm WS für ein Rohr von der Länge l m,

v die mittlere Geschwindigkeit im Rohrquerschnitt in m/s,

d den lichten Rohrdurchmesser in mm.

In der Gl. 12 ist die Geschwindigkeit durch die Wassermenge Q in l zu ersetzen, die stündlich durch den Querschnitt fließt:

$$R = 702,4 \frac{Q^{1,86}}{d^{5,09}} \; [\text{mm WS/m}]. \qquad (13)$$

An Stelle der Wassermenge Q kann man noch unter Benutzung der Gl. 2 oder 3 die stündlich geförderte Wärmemenge W für $\vartheta = 20^0$ einführen:

$$R = 2,671 \frac{W^{1,86}}{d^{5,09}} \; [\text{mm WS/m}]. \qquad (14)$$

Der Berechnung der Rohrdurchmesser d oder des Reibungsgefälles R aus den Gl. 13 oder 14 ist man durch die Berechnungstafel 2 im Anhang enthoben, aus der die gewünschten Werte unmittelbar abgelesen werden. Hierauf ist bei der praktischen Bemessung des Rohrnetzes noch zurückzukommen.

B. DIE EINZELWIDERSTÄNDE

Die Einzelwiderstände befolgen das Gesetz:

$$p_z = \zeta \frac{v^2 \gamma}{g \, 2}. \qquad (15)$$

Hierin bedeuten:

p_z den Druckverlust in mm WS, den ein Einzelwiderstand (Knie, Kessel, Ventil usw.) hervorruft,

v die mittlere Geschwindigkeit im Rohrquerschnitt in m/s,

g die Beschleunigung der Erdschwere 9,81 m/s^2,

γ die Wichte in kg/m^3,

ζ die Widerstandszahl.

Die Gl. 15 gilt ganz allgemein für beliebige Flüssigkeiten und Gase. Die Widerstandszahl ζ ist eine jedem Einzelwiderstand eigentümliche Größe und muß durch Versuche bestimmt werden. Sie ist unabhängig von der strömenden Flüssigkeit.

Hat man sie beispielsweise für Wasser bestimmt, dann gilt sie gleichzeitig auch für Dampf, Luft oder für eine andere beliebige Flüssigkeit.
Die Widerstandszahlen ζ können für die bei Heizungsanlagen vorkommenden Einzelwiderstände aus der Tafel 3 des Anhanges entnommen werden.
An Stelle der Geschwindigkeit v ist in der Gl. 15 noch die stündliche Wassermenge Q in l/h bzw. die Wärmemenge W in kcal/h für $\vartheta = 20^{0}$ einzuführen:

$$p_z = 6{,}203 \; \frac{\Sigma \zeta Q^2}{d^4} \; [\text{mm WS}], \tag{16}$$

$$p_z = 0{,}0155 \; \frac{\Sigma \zeta W^2}{d^4} \; [\text{mm WS}]. \tag{17}$$

Gleichwertige Rohrlängen. — Bei der Berechnung von Gas- und Wasserleitungen pflegt man die Einzelwiderstände durch eine gleichwertige Rohrlänge l_g auszudrücken, die dieselben Druckverluste verursachen würde. Es ist $l_g = p_z/R$ oder mit Rücksicht auf die Gl. 13, 14, 16 und 17

$$\left. \begin{aligned} l_g &= 0{,}00872 \; \Sigma \zeta \, Q^{0{,}14} \, d^{1{,}09}, \\ l_g &= 0{,}0058 \; \Sigma \zeta \, W^{0{,}14} \, d^{1{,}09}. \end{aligned} \right\} \tag{18}$$

Die Anwendung der gleichwertigen Rohrlängen ist, wie diese Gleichung zeigt, durch die Abhängigkeit von v oder Q und W erheblich erschwert, jedoch kann innerhalb genügend enger Grenzen die gleichwertige Länge l_g als gleichbleibend angesehen werden. Aus diesem Gedankengang heraus ist die Tafel 2 (s. Anhang) entstanden, die eine höchst einfache Auflösung sowohl der Gl. 18 wie auch der Gl. 13 darstellt. Die rechte Seite der Tafel 2 läßt, je nachdem welche Größen gegeben sind, die geförderten Wassermengen Q in l/h, die Rohrweiten d oder die Reibungsgefälle R entnehmen, während auf der linken Seite die gleichwertigen Rohrlängen für die Widerstände 1 bis 14 unmittelbar abgelesen werden können. Mit Zunahme des Druckabfalles nimmt die gleichwertige Länge l_g zu, wie man aus Tafel 2 ersieht, wenn man die Werte für $\zeta = 1$ auf den ersten und letzten Seiten der Tafel vergleicht.
Damit ist die Widerstandsbestimmung einer Rohrstrecke auf eine einfache Vervielfachung des Reibungsgefälles R mit der Summe aus der wirklichen und gleichwertigen Rohrlänge zurückgeführt.
Beispiel: Eine Rohrleitung von der Länge $l = 10$ m und einem lichten Durchmesser von $2''$ fördere $21\,000$ kcal/h oder $Q = 21\,000/20 = 1050$ l/h. An Einzelwiderständen sind in der Leitung zwei Krümmer und ein Absperrventil vorhanden. Aus Tafel 3, Ziff. 2 und 15, ergibt sich $\Sigma \zeta = 9$. Es soll der Gesamtdruckverlust dieser Leitung bestimmt werden.
Aus Tafel 2 rechts liest man für $d = 2''$ und $Q = 1050$ das Reibungsgefälle $R = 0{,}6$ ab und findet, indem man die waagerechte Zeile nach links weiterverfolgt, für $\Sigma \zeta = 9$ den Wert $l_g = 14{,}8$.
Der Gesamtdruckverlust der Rohrstrecke beträgt alsdann

$$(l + l_g) R = 24{,}8 \cdot 0{,}6 \cong 14{,}9 \text{ mm WS}.$$

7. ROHRNETZBERECHNUNG

A. ANNAHME DER ROHRWEITEN (UNTERE VERTEILUNG)

Der Berechnung der Rohrweiten geht die »Annahme« der Rohrdurchmesser voraus, deren Richtigkeit für die Ausführung durch »Nachrechnung« nachzuprüfen ist. Für die Annahme kommt zunächst in Betracht, die Rohrdurchmesser so zu treffen, daß mit dem geringsten Aufwand an Zeit eine sichere Kostenberechnung möglich ist. Diesem Zweck dienen die Annahmetafeln 4a bis f und 5a bis c im Anhang, sie gelten für einen konstanten Temperaturunterschied von 20° für alle Heizkörper, was zulässig ist, wenn Verteilungs- und Strangleitungen gut gegen Wärmeabgabe geschützt sind. Statt der umlaufenden Wassermengen Q in l/h sind die stündlich zu fördernden Wärmemengen W in kcal/h, also $Q \times 20$, angegeben.

Beispiel[1]): Bild 29 zeigt die Rohranordnung einer Warmwasserheizung mit unterer Verteilung. Alle zur Bemessung erforderlichen Angaben sind eingetragen. Die Vorlauftemperatur beträgt 90°, die Rücklauftemperatur 70° ($\vartheta = 20°$). Die Längen l beziehen sich auf die Teilstrecken des Vor- und Rücklaufs.

Die Hauptlängen bis zum Kessel müssen so groß gewählt werden, daß auch der ungünstigst gelegene Heizkörper die ihm zukommende Wassermenge erhält. Das ist der Heizkörper 1 des Stranges *I*, der die größte Entfernung $E = 30$ m (längs der Rohrleitung vom Kessel) hat. Der mittlere Höhenabstand h vom Kessel beträgt 3,0 m. Es sind zunächst die Leitungen zu bemessen, die an diesem ungünstigsten Stromkreis, der über den Kessel und den Heizkörper *1* gelegt wird, beteiligt sind. Hierzu dient die Tafel 4d für E von 25 bis 40 m. Die Rohrdurchmesser werden entsprechend den Wärmeleistungen der senkrechten Spalte für $h = 3$ m entnommen. Die sich hieraus ergebenden Rohrweiten sind in Bild 29 und in der Zusammenstellung (Beiblatt 1) eingetragen. Bei der Abrundung auf Handelsmaß befolge man die Regel, für die Teilstrecken in der Nähe des entferntesten Stranges die größeren Rohrweiten zu wählen, während man nach dem Kessel zu zweckmäßig auf die kleineren Rohrdurchmesser zurückgeht.

Nunmehr folgt die Bemessung des Stranges zum I. Stock (Teilstrecke *16*) und des Heizkörpers im I. Stock (Teilstrecke *2*) nach Maßgabe der Tafel 5a (waagerechte Spalte für die Geschoßhöhe 3 m).

In derselben Weise ist mit Hilfe der Tafeln 5b und c die Bemessung der Stränge und Heizkörperanschlüsse in den anderen Stockwerken vorzunehmen:

Strang vom I. bis zum II. Stock (Teilstrecke *17*) und Heizkörperanschluß II. Stock (Teilstrecke *3*) nach Zahlentafel 5b, Geschoßhöhe 3 m.

Strang vom II. bis III. Stock (Teilstrecke *18*) und Heizkörperanschluß III. Stock (Teilstrecke *4*) nach Zahlentafel 5c.

Alle übrigen Stränge werden genau in derselben Weise bemessen. Bei den entfern-

---

[1]) Wünschen aus Leserkreisen zufolge werden Beispielrechnungen mit den zugehörigen Bildern und Zahlentafeln auf losen, dem Anhang beigefügten Beiblättern durchgeführt, um den Rechnungsgang besser mit dem Text verfolgen zu können. Bild 29 und die Zusammenstellung der Rechnungswerte befinden sich auf Beiblatt 1.

teren Strängen runde man die Durchmesser nach oben, bei den zum Kessel näher gelegenen nach unten ab. Der Einfluß der Entfernung vom Kessel ist bei der Strang-bemessung unbedeutend und geht für die höheren Stockwerke ganz verloren.

Es bleibt jetzt nur noch übrig, die waagerechten Verteilungsleitungen der übrigen Stränge, die an dem bereits bemessenen Hauptstromkreis anschließen, zu bestim-men. Hierzu dienen wiederum die Tafeln 4, und zwar gilt für diese Abzweigungen die jeweilige Entfernung des betreffenden Stranges vom Kessel. So besitzt der Strang *II* eine Entfernung vom Kessel $E = 25$ m. Die Teilstrecke *19* und der Heizkörperanschluß im Erdgeschoß (Teilstrecke 5) ist deshalb nach Tafel 4c für $E = 15$ bis 25 m, senkrechte Spalte für $h = 3$ m, vorzunehmen.

In dieser Weise sind alle übrigen Verteilungsleitungen und Anschlüsse der Erd-geschoßheizkörper unter Berücksichtigung der jeweiligen Strangentfernung E und des zugehörigen Höhenabstandes h des betreffenden niedrigsten Heizkörpers zu bestimmen.

Bei der Vorbemessung der Rohrleitungen wird man bestrebt sein, die Verhältnisse möglichst genau zu treffen, um bei der Nachrechnung wenig ändern zu brauchen. Dies wird aber durch die erheblichen Sprünge im Handelsmaß, die besonders bei den kleineren Rohrdurchmessern bis 2″ sehr groß sind, erschwert. Es gehört deshalb eine besondere Geschicklichkeit dazu, durch abwechselnde, gefühlsmäßige Abrundungen der Rohrweiten nach oben oder unten einen Ausgleich herbei-zuführen. Diese Praxis ist aber erst durch Nachrechnung einer größeren Anzahl von Anlagen zu erlangen.

Weiteres Verfahren der Vorbemessung. — Der Anteil der in den Stromkreisen auftretenden Reibungswiderstände beträgt bei Anlagen mit absperr-baren Kesseln etwa 40 %, bei solchen mit nichtabsperrbaren Kesseln 50 % des wirksamen Druckes. Verteilt man diesen Anteil auf die Stromkreislänge, dann erhält man das Reibungsgefälle R, mit dem man mit Hilfe der Tafel 2 die einzel-nen Teilstrecken des Stromkreises bemessen kann. Aus Gründen, die sich später ergeben, ist hier die Tafel auf stündlich zu fördernde Wassermengen abgestellt, die man erhält, indem man die zu fördernden Wärmemengen durch 20 teilt.

So ist gemäß Bild 29 und der Zusammenstellung auf Beiblatt 1 die Gesamtlänge des zu Heizkörper *1* gehörenden ungünstigsten Stromkreises 69 m und der wirk-same Druck 37,5 mm WS. Absperrbare Kessel vorausgesetzt, beträgt der Anteil der Reibungswiderstände 40 %, also 15 mm WS; somit wird $R = 15/69 \cong 0{,}22$. Mit diesem Wert erhält man entsprechend den zu fördernden Wassermengen die Durchmesser der einzelnen Teilstrecken.

Bei Bemessung der Leitungen des Heizkörpers *2* und der Strangleitung *16* ist zu berücksichtigen, daß bis zu den Anschlußleitungen des Heizkörpers *1* bereits rund 15 mm WS verbraucht sind. Es stehen 40 % des wirksamen Druckes des Heiz-körpers *2*, somit 30 mm WS, zur Verfügung, somit verbleiben $30 - 15 = 15$ mm WS zur Verteilung auf die Längen der Teilstrecken *16* und *2* mit insgesamt 9 m. Mit dem Reibungsgefälle $R = 15/9 \cong 1{,}7$ kann dann die Bemessung vorgenommen werden. In gleicher Weise geht man bei der Bemessung der Strangleitungen und der Anschlüsse der übrigen Heizkörper vor.

Hinsichtlich der Verteilungsleitung zu Strang *II* ist zu berücksichtigen, daß bis zur Abzweigstelle am Hauptstromkreis 45,5 × 0,22 ≅ 10 mm WS verbraucht sind, so daß zur Verteilung auf die Teilstrecken *19* und *5* noch 15 − 10 = 5 mm verbleiben. Vereinzelt ergeben sich bei diesem Verfahren etwas geringere Rohrweiten.

B. NACHRECHNUNG FÜR DIE AUSFÜHRUNG

Der mittlere Höhenabstand *h* der Heizkörper vom Kessel beträgt im Erdgeschoß 3 m, im I. Stock 6 m, im II. Stock 9 m, im III. Stock 12 m. Der wirksame Druck berechnet sich nach Gl. 4 zu

$$p = h\,(\gamma_{70} - \gamma_{90}) = h\,(977,81 - 965,34) \cong h \cdot 12,5.$$

Die Wichten für 70 und 90° sind der Tafel 1 zu entnehmen.

Die wirksamen Drücke betragen für die Heizkörper im·

Erdgeschoß . .	3 · 12,5 =	37,5 mm WS
I. Stock .	6 · 12,5 =	75	,, ,,
II. Stock . .	. 9 · 12,5 =	112,5	,, ,,
III. Stock	. . . 12 · 12,5 =	150	,, ,,

Die weitere Aufgabe läuft darauf hinaus, die wirksamen Drücke gegenüber den in den zugehörigen Heizkörperstromkreisen entstehenden Reibungs- und Einzelwiderständen soweit wie möglich aufzubrauchen, um dadurch eine gleichmäßige Erwärmung sämtlicher Heizkörper sicherzustellen.

Es ist mit dem Stromkreis des ungünstigsten Heizkörpers *1* zu beginnen. Zur Bestimmung der Widerstände ist außer der Belastung auch die Kenntnis der Länge der Teilstrecken und der in ihnen auftretenden Einzelwiderstände notwendig. Diese sind in dem Bild 29 (Beiblatt 1) eingetragen. Die Teilstrecken sind durchgenummert, und zwar entfallen auf den Stromkreis des ungünstigsten Heizkörpers *1* die Teilstrecken: *1, 9, 10, 11* usw. über den Kessel bis *15*.

Die Annahme der Einzelwiderstände macht besonders dem Anfänger einige Schwierigkeiten, weshalb hierauf zunächst näher einzugehen ist. Ihre Größe ist nicht immer von vornherein zu übersehen, deshalb kommt es darauf an, praktisch mögliche Höchstwerte einzusetzen.

Für einen Heizkörperanschluß, der bis zum Anschluß der waagerechten Heizkörperleitungen bis an den senkrechten Steigestrang gilt, wird man die Einzelwiderstände unter Zuhilfenahme der Tafel 3 im Anhang wie folgt bewerten:

Vorlaufanschluß (siehe Bild 30).

Abzweig *a*, Tafel 3, Ziff. 8 . . . . $\zeta = 1,5$
Stockwerkbogen *b*, Ziff. 6 . . . . $\zeta = 0,5$
Scharfer Krümmer (Knie) *c*, Ziff. 3 . . . . . . $\zeta = 1,5$
Heizkörpereckventil *d*, Ziff. 20 . . . . $\zeta = 3,0$
Widerstand im Vorlaufanschluß . . . . . $\Sigma\,\zeta = 6,5$

Rücklaufanschluß.

Heizkörperwiderstand e, dem Rücklauf zuzurechnen,
    Tafel 3, Ziff. 23 . . . . $\zeta = 3{,}0$
1 Stockwerkbogen f, Ziff. 6 . . . . $\zeta = 0{,}5$
Abzweig g, Ziff. 8 . . . . $\zeta = 1{,}5$
Widerstand im Rücklaufanschluß . . . . . $\Sigma\,\zeta = 5{,}0$

Gewöhnlich wird der Vor- und Rücklaufanschluß in gleicher Rohrweite durchgeführt, weshalb die Widerstände mit $\Sigma\,\zeta = 11{,}5$ zusammengezogen werden können. Dieser Wert ist im allgemeinen als Höchstwert anzusprechen. Man lege ihn daher grundsätzlich allen Heizkörperanschlüssen zugrunde. Die Änderung einer der Anschlußweiten kommt nur dann in Frage, wenn sich durch die Nachrechnung die Notwendigkeit ergibt, einen überschüssigen Druck aufzubrauchen. Man verringert dann gewöhnlich den Vorlaufanschluß um eine Rohrweite, um wenigstens den Vorteil eines billigeren Ventils in Rechnung stellen zu können.

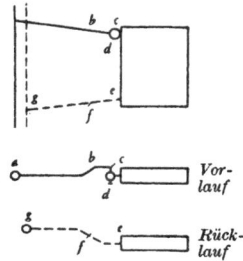

Bild 30. Widerstände in den Heizkörperanschlüssen

Widerstände in den Teilstrecken *9* und *10* und *11*. — Letztere sind in dem Bilde 31 herausgezeichnet.

Teilstrecke *9*.

2 Stockwerkbogen a, Tafel 3, Ziff. 6 . . . . . $2\,\zeta = 1{,}0$
2 Krümmer b, Ziff. 2 . . . . $2\,\zeta = 1{,}0$
Widerstand Teilstrecke *9* . . . . $\Sigma\,\zeta = 2{,}0$

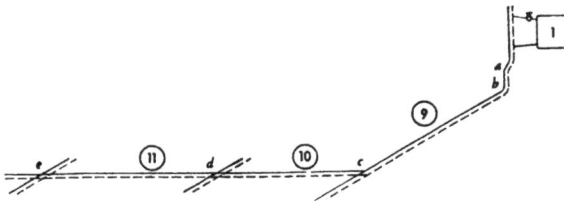

Bild 31. Widerstände der Teilstrecken *9*, *10* und *11* in Bild 29 auf Beiblatt 1

Teilstrecke *10*.

2 T-Stücke, Gegenlauf c, Ziff. 9 . . . . $2\,\zeta = 6$
2 Abzweige, Durchgang d, Ziff. 8 . . . . . $2\,\zeta = 2$
Widerstand Teilstrecke *10* . . . . $\Sigma\,\zeta = 8$

Teilstrecke *11*. — 2 Abzweige, Durchgang e, Ziff. 8: $\Sigma\,\zeta = 2$

Dieselben Widerstände gelten für die Teilstrecken *12* und *13*.

Teilstrecke *14* besitzt den Widerstand 0. Der Widerstand am T-Stück (Gegenlauf) wird von der Teilstrecke *15* aufgenommen.

Widerstand des Kesselanschlusses Teilstrecke *15*. — Abgesehen von den Kleinkesseln besitzen die mittleren und größeren Kessel Sammelstücke *a* für den Vor-
und Rücklaufanschluß, wie dies Bild 32 zeigt. Der Kesselwiderstand mit $\zeta = 2,5$
(Tafel 3, Ziff. 22) gilt bis zu den Anschlußflanschen der beiden Sammelstücke.
Der Kesselanschluß versteht sich bis zum Anschluß an die Hauptverteilungsleitungen.

Widerstand des Kessels *a*, Ziff. 22 . . . . $\zeta = 2,5$

2 Absperrschieber *b*, Ziff. 12 . . . . $2\,\zeta = 1,0$

2 T-Stücke[1]), Gegenlauf *c*, Ziff. 9 . . . . . . $2\,\zeta = 6,0$

Widerstand des Kesselanschlusses . . . . . $\underline{\Sigma\,\zeta = 9,5}$

Es bleiben jetzt nur noch die Widerstände in den Steigsträngen, z. B. der Teilstrecken *16, 17, 18, 20, 21* und *22*, zu berücksichtigen. Hierfür kann man als
Höchstwerte grundsätzlich annehmen: 2 T-Stücke Durchgang (Ziff. 8) und 2 Stock-
werkbögen (Ziff. 6), so daß $\Sigma\,\zeta = 3$ wird.

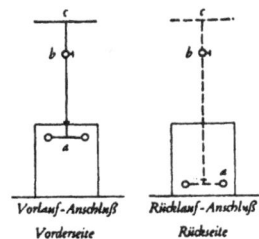

Vorlauf-Anschluß   Rücklauf-Anschluß
Vorderseite   Rückseite

Bild 32. Widerstände in den
Kesselanschlüssen

Es ist natürlich dem Ausführenden überlassen, die
hier getroffenen Annahmen auf Grund genauer
Kenntnis der Werkausführung zu verbessern.

Nunmehr sind alle Größen bekannt, die zur Ermittlung der Widerstände erforderlich sind. Man wird
zweckmäßig diese Werte geordnet zusammenstellen,
wie dies in der Zusammenstellung auf Beiblatt 1 geschehen ist. Dort sind zunächst alle dem ungünstigsten Stromkreis angehörigen Teilstrecken nachein-
ander aufgeführt worden. Die Widerstände werden,
wie bereits gezeigt worden ist, berechnet und bedürfen keiner weiteren Erklärung mehr. Die er-
mittelten Widerstände enthält die Spalte 10. Ihre Summe ergibt den Gesamtwiderstand des ungünstigsten Stromkreises mit 35,44 mm, dem, wie vorhin ermittelt, ein wirksamer Druck von 37,5 mm gegenübersteht. Der verbleibende
Überschuß beträgt nur 2,06 mm, das bedeutet, daß die Annahme der Rohrweiten
sehr gut getroffen ist und eine Änderung nirgends in Frage kommt.

Stromkreis des Heizkörpers *2*. — Es ergibt sich ein Überschuß von 15,13 mm.
Um diesen wegzubringen, könnte man versuchen, den Heizkörperanschluß Teilstrecke *2* in ½″ umzuändern. Dieser Weg führt jedoch nicht zum Ziel, auch dann
nicht, wenn nur der Vorlauf geändert wird. Der überschüssige Druck muß während des Probebetriebes der Heizungsanlage am Heizkörperventil weggedrosselt[2])
werden. Hierzu ist gut, die überschüssigen Drücke der Heizkörper zusammen-
zustellen, um sie bei der Einregelung der Anlage zur Verfügung zu haben, die
dadurch erheblich erleichtert wird.

---

[1]) Für das T-Stück im Vorlauf müßte ζ eigentlich auf die Geschwindigkeit im anschließenden
Durchgang bezogen werden. Wenn sich die Geschwindigkeiten wenig unterscheiden, kann
hiervon abgewichen werden.

[2]) *Klopfer:* Über Einregelung von Warmwasserheizungen. Gesundh.-Ing., Bd. 39 (1916), S. 518.

Stromkreis des Heizkörpers *3*. — Der Drucküberschuß ist so groß, daß eine Änderung des Heizkörpervorlaufanschlusses von $\frac{3}{4}''$ in $\frac{1}{2}''$ zweckmäßig ist und sich als zulässig erweist.

Stromkreis Heizkörper *4*. — Es bleibt ein Drucküberschuß von rd. 30 mm, der nicht wegzubringen ist. Eine Änderung des Vorlaufanschlusses in $\frac{1}{2}''$ führt hier nicht zum Ziele.

Stromkreise der Heizkörper *5* bis *8*. — Mit Ausnahme des Heizkörpers *7* sind die Drucküberschüsse so gering, daß eine Änderung der Rohrdurchmesser nicht in Frage kommt. Der Vor- und Rücklaufanschluß Teilstrecke *7* wird mit Erfolg in $\frac{1}{2}''$ umgeändert.

C. ALLGEMEINES ZUR ZWECKMÄSSIGEN DRUCKVERTEILUNG

Der Satz Gl. 7 besagt, daß der wirksame Druck mit den Widerständen des Rohrnetzes im Gleichgewicht stehen soll, sagt aber nichts darüber aus, wie der wirksame Druck im Rohrnetz zu verteilen ist. Im Falle des Beharrungszustandes, d. h. wenn sich die Vor- und Rücklauftemperaturen endgültig eingestellt haben, ist es tatsächlich gleichgültig, wie der Druck verteilt ist. Wird in einem Teile des Rohrnetzes zuviel Druck aufgebracht, so kann dies wieder dadurch ausgeglichen werden, daß an einer anderen beliebigen Stelle weniger verbraucht wird.

In der Praxis hat sich die *Tichelmann*sche Regel eingeführt, wonach der Druckaufbrauch in den Hauptverteilungsleitungen nicht größer sein soll als der wirksame Druck, der sich bis zur Höhenlage der Vorlaufleitung an der Stelle des ungünstigsten Stranges entwickelt hat. Das hat zur Folge, daß die Hauptverteilungsleitungen erheblich verteuert werden. Eine wissenschaftliche Begründung dieser Regel läßt sich nicht angeben. Aus diesen Gründen hat sie der Verfasser bisher abgelehnt.

Aus der Praxis der Rohrbemessung heraus, die man sich nur mit der Zeit durch gewissenhafte Durchrechnung mehrerer Anlagen aneignen kann, ergeben sich hinsichtlich der zweckmäßigen Druckverteilung einige wichtige Gesichtspunkte, wenn man sich folgende Fragen vorlegt:

1. Wie ist die Druckverteilung vorzunehmen, um eine zuverlässige Abstimmung des Rohrnetzes zu erzielen und damit ein möglichst gleichmäßiges Anlaufen einer Warmwasserheizung auch bei niedrigsten Temperaturen sicherzustellen?

2. Welche Druckverteilung gewährleistet die billigste Ausführung?

Der Ingenieur nimmt meist nur auf den Punkt 1 Rücksicht. Für ihn kommt es darauf an, daß die Anlage läuft; mit welchen Mitteln, darüber zerbricht er sich in der Regel nicht den Kopf. Es ist geradezu unglaublich, welche Rohrverschwendung oft getrieben wird. Dabei darf man durchaus nicht glauben, daß sich überbemessene Anlagen im Betriebe günstig auswirken. Vielmehr ist gerade das Gegenteil der Fall. Das Zuviel ist hier ebenso schädlich wie das Zuwenig. Es bestätigt sich immer wieder, daß die gut durchgerechneten und scharf bemessenen Anlagen gut laufen und meist überhaupt keiner Nachregelung bedürfen.

Neben der ersten Bedingung des möglichst gleichmäßigen Druckaufbrauches für
alle Stromkreise steht die zweite des wirtschaftlichen Druckaufbrauches. Von allen
möglichen Wegen ist derjenige zu wählen, der die Anlage mit den billigsten
Mitteln herzustellen gestattet. Man muß wissen, daß in erster Linie die Grundleitungen wirksame Möglichkeiten zur billigen Ausführung bieten. Mit Zunahme
der Rohrdurchmesser steigen die Kosten für Löhne, Dichtungs-, Befestigungs- und
Wärmeschutzstoffe. Man wird daher das Hauptaugenmerk auf die Verringerung
der Durchmesser der Hauptverteilungsleitungen zu richten haben, und zwar um
so mehr, je mehr man sich dem Kessel nähert. Sehr teuer gestalten sich die Kesselanschlüsse, besonders dann, wenn mehrere Kessel anzuschließen sind, weshalb
man hier zur Erzielung geringer Durchmesser die größten Druckverluste zu-
lassen wird. Aufschlußreich ist hier die Teilstrecke *15* (s. Beiblatt 1), die den
Kesselanschluß darstellt. Hierin werden allein 12,8 mm, etwa 35 % des wirksamen Druckes aufgebracht. Bei dieser Gelegenheit ist auf einen sehr wichtigen
Umstand hinzuweisen, dem die Praxis bisher wenig Beachtung geschenkt hat.
Zerlegt man den Gesamtwiderstand des Kesselanschlusses Teilstrecke *15* in seine
beiden Anteile für Reibung und Einzelwiderstände, so ergibt sich folgendes:
Der Verlust für reine Reibung beträgt 0,99 mm, entsprechend einer wirklichen
Rohrlänge von 5,5 m; hingegen ist der Verlust für Einzelwiderstände 11,81 mm,
entsprechend einer gleichwertigen Rohrlänge von 65,45 m.
Der reine Reibungsverlust ist also verschwindend gering, die tatsächliche Rohr-
länge spielt überhaupt keine Rolle mehr. Der Verlust entfällt also nur noch auf
Einzelwiderstände, deren Wirkung einer Verlängerung der Rohrleitung um 65,45 m
gleichkommt.
Bei den kleineren Rohrdurchmessern tritt der Einfluß der Einzelwiderstände
immer mehr zurück. Sie sind bei den Heizkörperanschlüssen, trotz der großen
Einzelwiderstände, nicht mehr von so überragender Bedeutung. Die gleichwertigen
Durchmesser sind ein recht eindrucksvolles Mittel, den Einfluß der Einzelwider-
stände vor Augen zu führen, das seine erzieherische Wirkung nicht verfehlen wird.
Es ist bekannt, daß der Anteil der Einzelwiderstände sehr groß ist und daß etwa
50 bis 75 % des verfügbaren Druckes nutzlos vergeudet wird, anstatt ihn zur
Verbilligung des Rohrnetzes auszunutzen. Dies führt zwangsläufig dazu, schon
bei Führung der Hauptleitungen auf die Einschränkung der Einzelwiderstände
Bedacht zu nehmen und die oft sinnlosen Verteileranordnungen zu irgendwelchen
Gruppeneinteilungen zu vermeiden (s. Gruppeneinteilungen). Grundsätzlich wähle
man T-Stücke im Durchgang wie im Abzweig mit dem größten vorkommenden
Durchmesser und ziehe die Anschlüsse nachher auf die geringeren Durchmesser
allmählich zusammen. Als Abzweig schweiße man an den Rohrdurchgang einen
abgeschnittenen Rohrkrümmer an. Gegenlauf-T-Stücke schweiße man aus zwei
Rohrkrümmern zusammen. So wird es leicht möglich, die Widerstände schon
auf $\frac{1}{4}$ herabzudrücken und den Gewinn an Druck, unbeschadet der guten Arbeitsweise der Anlage, zur Verbilligung des Rohrnetzes auszunutzen.
Bei den Steigsträngen ist in der Regel nicht viel herauszuholen. Meist sind hier
die überschüssigen Drücke so hoch, daß sie nur mit Mühe zu beseitigen sind.
Hinsichtlich Erzielung eines guten und gleichmäßigen Laufes der Anlage empfiehlt

es sich, die wirksamen Drücke der tiefsten Heizkörper so aufzubrauchen, daß alle Stränge, gleichgültig ob sie nah oder entfernt zum Kessel liegen, unter möglichst gleichen Druckbedingungen stehen. Man vermeide vor allem, bei den näherliegenden Strängen zu große Druckverluste in die Heizkörperanschlüsse zu legen, denn diese Drücke treten als Überschuß zu den ohnehin großen wirksamen Drücken der höherstehenden Heizkörper hinzu. Letzten Endes ist man dann gar nicht mehr in der Lage, die Rohrdurchmesser so eng zu wählen, um die überschüssigen Drücke wegzuschaffen. Sich auf die Abdrosselung in den Heizkörperventilen zu verlassen, ist ein sehr ungenügendes Mittel, denn die Entfernung großer Überschüsse in einem Einzelwiderstand wird auch schwierig und unzuverlässig. Man muß alsdann zu Drosselstrecken greifen, von deren Anwendung mehr Gebrauch gemacht werden sollte. Die Drosselstrecken kommen hauptsächlich für die Grundverteilungsleitungen zu den näheren Strängen und in den Strangleitungen selbst in Frage. Bei Berechnung der Drosselstrecken ist zu beachten, daß neben der Reibung auch ein Druckverlust infolge der Geschwindigkeitsänderung beim Übergang auf den Drosselquerschnitt entsteht. Die ζ-Werte können aus der nachstehenden Zahlentafel 2 entnommen werden.

Zahlentafel 2. ζ-Werte zur Berechnung der Drosselstrecken, bezogen auf die Geschwindigkeit in der Drosselstrecke.

Sprung	70 auf 64	64 auf 57,5	57,5 auf 2''	2'' auf 1½''	1½'' auf ⁵/₄''	⁵/₄'' auf 1''	1'' auf ³/₄''	³/₄'' auf ½''	½'' auf ³/₈''
ζ	0,3	0,35	0,45	0,60	0,45	0,68	0,62	0,72	0,63

D. KESSELANSCHLÜSSE

Für die Berechnung der Druckverluste nehme man grundsätzlich an, daß die Heizungsanlage von einem einzigen Kessel betrieben wird. Die Länge der Kesselanschlußleitungen ist, wie genügend dargelegt, ohne Belang, es kommt nur auf die Einzelwiderstände an. Es handelt sich hier nur darum, den größten Gesamtquerschnitt zu ermitteln, der auf die Kesseleinheiten aufzuteilen ist. Bei den meisten, den mittleren und kleineren Anlagen findet gewöhnlich eine Zweiteilung der Kesselheizfläche statt. Es liegt nahe, jedem der beiden Kessel den halben Gesamtquerschnitt zuzuteilen. Dies wäre statthaft, wenn die beiden Kessel dauernd zusammen im Betriebe wären. In der Übergangszeit arbeitet man aber nur mit einem Kessel, durch den jetzt die gesamte Wassermenge zu fördern ist. Da die Druckverluste nahezu mit dem Quadrate der Geschwindigkeit ansteigen, wird der Kesselwiderstand so groß, daß die Anlage nicht mehr richtig arbeiten kann. Theoretisch genommen, muß daher jeder der beiden Kessel mit dem vollen Gesamtquerschnitt angeschlossen werden. Zwar pflegt man praktisch die Kesselanschlüsse einige Rohrweiten geringer zu wählen, um eine Verbilligung zu erzielen; man tut dies aber auf die Gefahr hin, daß die Heizungsanlage, wenn mit einem Kessel gearbeitet wird, in der Übergangszeit versagt, was sich darin äußert, daß die entfernteren Stränge zurückbleiben. Oft laufen sogar einzelne Heizkörper rückwärts. Bei Bemessung der Kesselanschlüsse ist daher größte Vorsicht geboten.

Liegt eine Aufteilung der Kesselheizflächen in eine größere Anzahl von Kesseln vor, dann wähle man als Rohrweite den Durchmesser der Kesselsammelstücke. Ist der Anschlußquerschnitt der Hauptleitung größer als der größte Querschnitt des Kesselanschlusses, dann muß sowohl von der Vorderseite als auch von der Hinterseite des Kessels angeschlossen werden.

Weniger beachtet oder auch bekannt ist, daß die Verbindung des Kessels mit der Vorlaufverteilungsleitung von großem Einfluß auf das schnelle Anheizen der Anlage ist. Es ist unbedingt notwendig, vom Kesselanschluß aus den Vorlauf unmittelbar senkrecht so weit hochzuziehen, wie es die für die waagerechte Verteilungsleitung noch erforderliche Steigung erlaubt. Sind mehrere Kessel anzuschließen, dann ist es falsch, wie es manchmal zu beobachten ist, die Sammelleitung unmittelbar über die Kesselanschlüsse zu legen. Diese muß ebenfalls so hoch wie möglich angeordnet und durch senkrechte Leitungen mit den Kesselanschlüssen verbunden werden. Jede Horizontalführung der Vorlaufanschlüsse der Kessel bis zum Anschluß an die Hauptverteilungsleitung ist zu vermeiden oder, besser gesagt, zu verbieten. Die Vor- und Rücklaufleitungen bilden bekanntlich kommunizierende Röhren, in denen sich der wirksame Druck nur in senkrechter Richtung entwickeln kann. Durch Horizontalführung des Vorlaufanschlusses wird dies verhindert. Dieselben Erscheinungen liegen bei den Rauchzügen der Kesselfeuerungen vor. Den Füchsen gibt man starke Steigung und zieht sie sobald wie möglich zur Kellerdecke empor. Auf diese Weise erhält man dann genügend wirksamen Druck, um auch einen entfernt liegenden Schornstein ohne Lockfeuerung zum Anlaufen zu bringen.

E. HEIZKÖRPERANSCHLÜSSE

Die Heizkörper (Radiatoren) werden entweder einseitig (Bild 33) oder versetzt (Bild 34) angeschlossen. Die versetzten Anschlüsse bieten keine Vorteile, vielmehr ergibt sich oft ein diagonales Warmwerden der Heizkörper. Auch in bau-

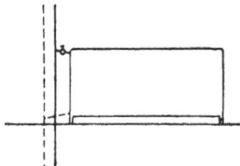

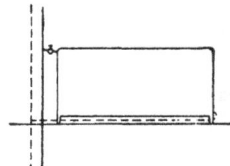

Bild 33. Einseitiger   Bild 34. Versetzter
Anschluß von Radiatoren   Anschluß von Radiatoren

licher Beziehung sind die versetzten Anschlüsse wegen des Herüberziehens des Rücklaufanschlusses zum anderen Endglied ungünstig.

Unabhängig von der Baulänge der Radiatoren kann man einseitig anschließen, wenn der Anschlußquerschnitt kleiner bleibt als der Querschnitt der Nippelverbindungen der Radiatorglieder. Man hat dann aber besonders darauf zu achten, daß die an Hand des Bildes 4 beschriebenen Querschnittverengungen durch Luftpolster nicht eintreten können.

Wird der Anschlußquerschnitt größer als der Nippelquerschnitt, empfiehlt sich die Aufteilung in zwei Heizkörper.

F. GRUPPENEINTEILUNGEN[1])

Die Gruppeneinteilung nach Himmelsrichtungen ist sehr beliebt. Gewöhnlich werden die Rückläufe der an den Nord-, Ost-, Süd- und Westgebäudeflächen befindlichen Heizkörper für sich gesammelt und zu einem im Kesselraum befindlichen Verteiler geführt, an dem die Verteilungsschieber angebracht sind. Der Wärmebedarf für die verschiedenen Gebäudeflächen ist je nach den herrschenden Witterungsverhältnissen (Windanfall, Sonnenstrahlung) starken Schwankungen unterworfen, die man durch Einstellen der Rücklaufschieber auszugleichen beabsichtigt. Diese Einrichtungen werden aber im Betriebe nicht benutzt und können auch nicht benutzt werden, da sie sinnlos und zwecklos sind. Durch Drosselung ist bei Schwerkraftheizungen die gewünschte Wärmeregelung überhaupt nicht zu erreichen. Wird beispielsweise ein Verteilungsschieber so weit gedrosselt, daß etwa ein Druckverlust von 20 mm WS hervorgerufen wird, dann ist leicht einzusehen, daß dies für die Erdgeschoßheizkörper mit einem verfügbaren Druck von etwa 35 mm von großem Einfluß ist, der aber für die höheren Heizkörper, die einen wirksamen Druck von 150 oder gar mehr aufweisen, verschwindet. D. h. also, daß die Erdgeschoßheizkörper stark zurückbleiben oder gar gänzlich ausbleiben, wenn nicht gar rückwärts laufen, während die höheren Heizkörper weiterlaufen. Durch Drosselung kommt man also hier nicht zum Ziele. Eine wirksame Regelung kann nur dann erreicht werden, wenn neben den Rückläufen auch die Vorläufe getrennt gesammelt werden und durch eine Kurzschlußverbindung dem Vorlauf Rücklaufwasser zugemischt wird.

In Geschäftshäusern und Verwaltungsgebäuden sind meist Dienstwohnungen vorhanden. Im Hinblick auf die Verschiedenartigkeit der Betriebe müssen die Wohnungen getrennt an die Heizungsanlage angeschlossen werden. Bei mehrgeschossigen Bauten genügt es nicht, wie dies üblich ist, nur die Rückläufe zu trennen. Das Wasser bleibt, da die Verbindung mit dem Vorlauf nicht aufgehoben wird, innerhalb der beiden Systeme im Kreislauf, so daß das abgeschaltete System nicht erkaltet. Teils werden einzelne Heizkörper vom Vorlauf, andere vom Rücklauf her warm. Geringfügiger werden diese Erscheinungen, wenn man die Vorlaufleitungen trennt, da dann nur noch eine Verbindung mit dem kühleren Rücklauf besteht; sicher ist es jedoch nur, wenn man Vor- und Rücklauf trennt. Die Anlagen verteuern sich kaum, da die Kosten der vermehrten Rohrmengen durch die erheblich verringerten Rohrweiten aufgehoben werden.

Wie bereits ausgeführt, müssen die gebräuchlichen Verteileranordnungen, die infolge der unvermeidlichen Leitungsführung zu erheblichen Einzelwiderständen Anlaß geben, vermieden werden. Hier geht man am besten wie folgt vor:

In Bild 35 ist eine Kesselanlage mit mehreren Kesseln angedeutet. Die Vorlaufkesselanschlüsse werden zu einer waagerechten Verteilungsleitung hochgeführt.

---

[1]) *J. Schmitz:* Über Heizgruppen bei Warmwasserheizungen. Gesundh.-Ing. Bd. 43 (1920).

Diese Leitung ist als Verteiler aufzufassen und wird vorteilhaft in den Rohrweiten etwas reichlicher als der Hauptanschluß gehalten, so daß ihr Reibungswiderstand vernachlässigbar gering wird. Selbstverständlich muß dieser Verteiler in gleicher

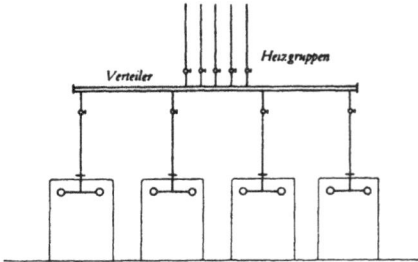

Bild 35. Verteileranordnung bei mehreren Kesseln

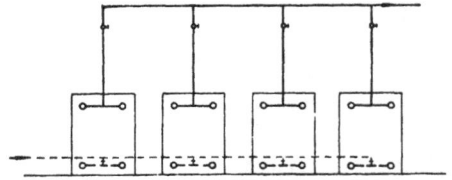

Bild 36. Versetzter Anschluß des Vor- und Rücklaufes bei mehreren Kesseln

Rohrweite (also nicht abgestuft) über den Kesseln angelegt werden, so daß diese sämtlich unter gleichen Bedingungen stehen. Es ist dann im Betriebe gleichgültig, welche Kessel geheizt werden. Die getrennten Vorlaufleitungen der vorgesehenen Heizungsgruppen nehme man von diesem Verteiler ab, wie es Bild 35 andeutet. In gleicher Weise werden die getrennten Rückläufe angeschlossen. Die Schieber können alsdann vom Kesselstand aus bedient werden.

Man pflegt auch öfter versetzten Anschluß des Vor- und Rücklaufes anzuwenden, um die einzelnen Kessel unter gleiche Strömungsbedingungen zu stellen, s. Bild 36. Die Verteiler müssen sorgfältig abgestützt oder an Decke aufgehängt werden, damit die Kesselsammelstücke nicht belastet werden, die sonst leicht abbrechen würden.

G. NICHTANSPRINGEN ABGESTELLT GEWESENER HEIZKÖRPER

Oft tritt, selbst bei ordnungsgemäß berechneten Anlagen, die merkwürdige Erscheinung auf, daß einzelne Heizkörper, die längere Zeit abgestellt waren, beim

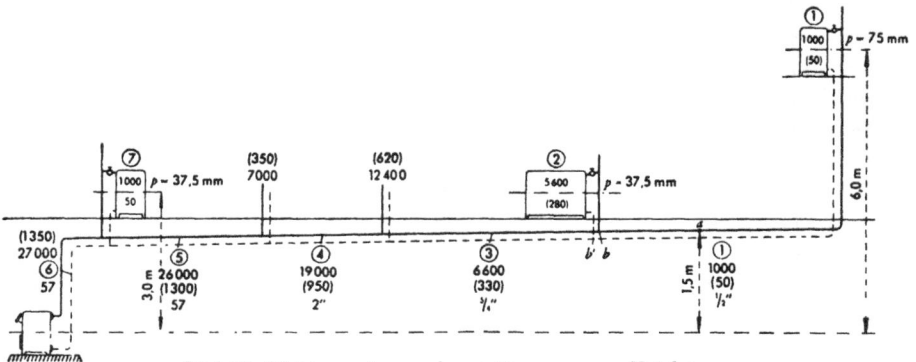

Bild 37. Nichtanspringen abgestellt gewesener Heizkörper

Einschalten nicht wieder anspringen. Man muß dann erst mehrere andere Heizkörper absperren, um sie wieder zum Mitlaufen zu bringen. In dieser Weise ver-
hält sich z. B. der Heizkörper *1* der in Bild 37 dargestellten Anlage. Die Stromkreisberechnung ist gemäß der nachstehenden Zahlentafel 3 ordnungsgemäß
durchgeführt, wobei der Einfachheit halber die wirklichen und gleichwertigen
Rohrlängen zusammengezogen worden sind.

Zahlentafel 3. Stromkreisberechnung zu Bild 37.

Teil-strecke Nr	Wärmemenge $\vartheta = 20^\circ$ kcal/h	Wasser-menge l/h	Rohr-durchmesser d	Wirkliche und gleichwertige Rohrlänge $l + l_g$	Reibungs-gefälle R	Widerstand der Teilstrecke mm WS
1	1 000	50	$1/2''$	36	1,20	43,20
3	6 600	330	$3/4''$	8	0,52	4,16
4	19 000	950	$2''$	11	0,50	5,50
5	26 000	1300	57	12	0,50	6,00
6	27 000	1350	57	30	0,52	15,60
						74,46

Wirksamer Druck = 6 $(\gamma_{70} - \gamma_{90})$ = 75,00 mm.

Zur Erklärung des Vorganges sei angenommen, daß nach Abstellen des Heizkörpers *1* dieser samt der angeschlossenen Rohrleitung etwa bis zum Punkte *a*
der im Keller befindlichen Leitung auf Zimmertemperatur von 20° abgekühlt sei.
Es kommt nun darauf an, festzustellen, wie groß die Anlaufkräfte sein müssen,
um den Heizkörper nach Wiederanstellen in Gang zu bringen. Diese Anlaufkräfte
sind natürlich auch dann vorhanden, wenn das Ventil geschlossen ist. Damit der
Heizkörper anspringen kann, muß die Anlaufkraft so groß sein, daß sie den zwischen dem Kessel und den Punkten *b b'* entstehenden Widerstand, der 31,26 mm
(Teilstr. 3, 4, 5 und 6) beträgt, überwinden kann. Da die übrigen Heizkörper im
Betriebe bleiben, ändert sich dieser Widerstand infolge Ausbleibens des Heizkörpers *1* mit seiner geringen Wärmeleistung von nur 1000 kcal/h nur wenig.
Die Größe der Anlaufkraft läßt sich, nachdem der Vor- und der Rücklaufstrang
sich bis zum Punkte *a* etwa auf Zimmertemperatur von 20° abgekühlt haben,
leicht bestimmen. Oberhalb des Punktes *a* herrscht wegen der gleichen Tempera-
tur in beiden Strängen kein Gewichtsunterschied. In dem Beispiel, Bild 37, ist die
Höhenlage des Punktes *a* mit 1,5 m über dem Kesselmittel angenommen worden.
In diesem Höhenbereich ist also ein Gewichtsunterschied von $(\gamma_{70} - \gamma_{90})$ bei den
Betriebstemperaturen von 90° im Vorlauf und 70° im Rücklauf vorhanden. Die
Anlaufkraft beträgt demnach 1,5 $(\gamma_{70} - \gamma_{90})$ = 18,7 mm. Beim Öffnen des Ventils
des Heizkörpers *1* reicht diese Kraft bei weitem nicht aus, den bis zu den Punkten *b b'* bestehenden Widerstand von 31,26 mm zu überwinden. Der Heizkörper
kann sich daher von selbst nicht mehr in den Betrieb einschalten. Man kann diesen
Übelstand vermeiden, indem man bei Berechnung der Anlage dafür sorgt, daß
der Widerstand vom Kessel bis zu den Punkten *b b'* geringer bleibt als die Anlaufkraft, das würde aber zu großen Durchmessern der Leitungen führen. Abhilfe
bringt auch das Tiefverlegen der Rücklaufleitung, was aber selten durchzuführen

ist. Ein anderes Mittel besteht darin, zu verhindern, daß der Vorlaufstrang sich abkühlen kann, was dadurch zu erreichen ist, daß man die zugehörige Luftleitung in diesem Falle nicht durch einen Luftsack unterbricht. Als Notmaßnahme käme noch ein leichtes Anfeilen des Heizkörperventils in Betracht.

8. EINFLUSS DER ROHRABKÜHLUNG

A. KRITIK DES BISHER GEBRÄUCHLICHEN BERECHNUNGS-VERFAHRENS[1])

In der Zahlentafel 4 werden ungefähre Angaben über die Wärmeverluste der Rohrleitungen von Schwerkraftheizungen mit oberer Verteilung mitgeteilt. Danach sind die Verluste so erheblich, daß man sich ernstlich mit der Frage ihres Einflusses auf den Kreislauf des Wassers befassen muß. Unbestritten ist hierbei die erhebliche Vermehrung des wirksamen Druckes, da ja jede abkühlende Rohrstrecke als Heizkörper aufgefaßt werden muß und demgemäß einen zusätzlichen Beitrag liefert. Umstritten ist der Einfluß auf die Größe der umlaufenden Wassermengen, womit schlechthin die Frage aufgeworfen wird, ob das bisherige Rechenverfahren, wie es z. B. hier für untere Verteilung gezeigt wurde, überhaupt richtig ist. Insbesondere die vielen an Stockwerkheizungen (deren Arbeitsweise ja lediglich von der Rohrabkühlung abhängig ist) beobachteten rätselhaften Erscheinungen ließen darauf schließen, daß hier irgend etwas nicht in Ordnung ist.

Zahlentafel 4. Wärmeverluste der Rohrleitungen von Schwerkraftheizungen mit oberer Verteilung in % der Wärmeleistungen der Heizkörper.

Vorlaufverteilungsleitungen 6%
Rücklaufverteilungsleitungen 3%
Stränge, isoliert in Mauerschlitzen 10%
Stränge, nackt in den Räumen 20%
Gesamtverluste bei isoliert in Mauerschlitzen verlegten Strängen 19%
Gesamtverluste bei nackt in den Räumen verlegten Strängen . . 29%

Geht man von der Annahme gleicher Temperaturunterschiede für alle Heizkörper aus, dann tritt folgendes ein: Infolge der Abkühlung der Vorlaufleitungen sind die Eintrittstemperaturen in die Heizkörper um so geringer, je weiter sie vom Kessel entfernt sind. Nimmt z. B. die Temperatur vom Kessel bis zum entferntesten Heizkörper von 90° auf 85° ab, dann werden, konstante Temperaturunterschiede von 20° der Heizkörper vorausgesetzt, die Rücklauftemperaturen der entferntesten Heizkörper etwa 85 − 20 = 65°, die der in der Nähe des Kessels befindlichen Heizkörper 90 − 20 = 70° betragen. Auf dem Wege zum Kessel trifft das kühlere Rücklaufwasser der entferntesten Heizkörper mit dem wärmeren Wasser der zum Kessel näher liegenden zusammen. Es tritt hier der Fall ein, der

---

[1]) *W. Suter:* Die Rohrabkühlung bei Warmwasserheizungen. Schweiz. Techn. Z. (1936), S. 17/23.

in Abschnitt 5 D, »Ungleichmäßige Rücklauftemperaturen«, beschrieben ist. Beim Zusammenfließen der Wassermengen entsteht für den einen Stromkreis ein Abkühlungspunkt mit positivem, für den andern Stromkreis ein Erwärmungspunkt mit negativem wirksamen Druck. Die Stromkreise der dem Kessel näher liegenden Heizkörper werden beschleunigt, die der entfernter liegenden Heizkörper geschwächt.

Die Annahme gleichen Temperaturabfalles für alle Heizkörper kann erzwungen werden, wenn man die an den Zusammenflußpunkten entstehenden wirksamen Drücke in Rechnung stellt, was aber bisher nicht geschehen ist und auch nicht gut möglich war, da die obigen Erscheinungen bisher noch nicht richtig erkannt wurden.

B. NEUE BERECHNUNGSGRUNDSÄTZE

Die obigen Darlegungen zeigen aber gleichzeitig einen Weg, um aus den Schwierigkeiten herauszukommen. Man verhindert einfach das Zustandekommen der wirksamen Drücke in den Zusammenflußpunkten dadurch, daß man n u r R ü c k l a u f w a s s e r g l e i c h e r T e m p e r a t u r z u s a m m e n f l i e ß e n l ä ß t. Alsdann hat man nur die durch Abkühlung der Rohrleitungen entstehenden wirksamen Drücke zu berücksichtigen. In diesem Falle ist man aber gezwungen, mit einem veränderlichen Temperaturabfall der Heizkörper zu arbeiten. Als Rechnungsgrundlage habe ich bereits in früheren Arbeiten den Satz angegeben:

Die Temperaturunterschiede der Heizkörper sind so zu wählen, daß an den Zusammenflußpunkten das Rücklaufwasser mit gleichen Temperaturen zusammentritt.

Diesen Satz ergänze ich noch durch folgenden:

Der über einen beliebigen Heizkörperstromkreis (Kesselvorlauf — Heizkörper — Kesselrücklauf) infolge Abkühlung der Rohrleitungen sich einstellende Temperaturabfall muß für alle Heizkörperstromkreise den gleichen Wert haben, nämlich gleich dem Temperaturunterschied zwischen Kesselvor- und -rücklauf sein.

Bezeichnet man mit $\Sigma\,\vartheta_v$ die Temperaturabfälle in den Teilstrecken des Vorlaufes bis zum Heizkörpereintritt, mit $\Sigma\,\vartheta_r$ die Temperaturabfälle in denen des Rücklaufes, mit $\varDelta_K$ den Temperaturunterschied am Kessel und mit $\varDelta_H$ den Temperaturunterschied der Heizkörper, dann gilt für jeden Heizkörperstromkreis:

$$\Sigma\,\vartheta_v + \varDelta_H + \Sigma\,\vartheta_r = \varDelta_K = \text{Konstanz.} \qquad (19)$$

Der obige Satz gilt nur dann, wenn $\varDelta_K$ oder der Temperaturunterschied $\varDelta_H$ eines Heizkörpers (meist des ungünstigsten) frei gewählt wird. Im ersten Falle sind dann alle Temperaturunterschiede der Heizkörper bestimmt, im zweiten Falle $\varDelta_K$ und die übrigen Heizkörpertemperaturunterschiede. Wählt man für alle Heizkörper den gleichen Temperaturunterschied, z. B. von 20°, dann ist obiger Satz noch durch die Temperatursprünge an den Zusammenflußpunkten zu ergänzen.

Dies sei nur beiläufig erwähnt, um zu zeigen, daß auch dieser Fall rechnerisch zu bewältigen ist.

Wenn der Temperaturunterschied Δ_K am Kessel gegeben oder ermittelt worden ist, dann erhält man aus Gl. 19 die Temperaturunterschiede für alle Heizkörper:

$$\Delta_H = \Delta_K - (\Sigma \vartheta_V + \Sigma \vartheta_R). \tag{20}$$

Es ist darauf hinzuweisen, daß bei dieser Rechnung nur die Temperaturabfälle vorkommen, also die tatsächlichen Temperaturen nicht bekannt zu sein brauchen. Wird der Temperaturunterschied für den ungünstigsten Heizkörper etwa mit $\Delta_H = 20^0$ angenommen, dann empfiehlt es sich, zunächst nach Gl. 19 den Temperaturunterschied Δ_K am Kessel zu berechnen und kann dann nach Gl. 20 die Temperaturunterschiede Δ_H für die übrigen Heizkörper ermitteln. Man könnte auch rückwärts von dem ungünstigsten Heizkörper ausgehen, die Rechnung würde dann allerdings umständlich und unübersichtlich werden.

Nun bleibt noch übrig, die mittleren Heizkörpertemperaturen zu bestimmen, wozu die Temperaturen am Ein- und Austritt der Heizkörper bekannt sein müssen. Wir führen folgende Bezeichnungen ein:

t_V Vorlauftemperatur des Heizkörpers,

t_R Rücklauftemperatur des Heizkörpers,

t_{KV} Vorlauftemperatur am Kessel,

t_{KR} Rücklauftemperatur am Kessel.

Sind z. B. die Temperaturen des ungünstigsten Heizkörpers mit 90^0 auf 70^0 gegeben, dann erhalten wir die Kesselvorlauftemperatur, indem wir zu 90^0 die Temperaturverluste $\Sigma \vartheta_V$ der Vorlaufleitungen hinzufügen, also

$$t_{KV} = 90^0 + \Sigma \vartheta_V. \tag{21}$$

Ziehen wir von 70^0 die Temperaturabfälle $\Sigma \vartheta_R$ der Rücklaufleitungen ab, dann ergibt sich die Rücklauftemperatur am Kessel zu:

$$t_{KR} = 70^0 - \Sigma \vartheta_R. \tag{22}$$

Als Probe auf die Richtigkeit der Rechnung kann man dann noch bilden:

$$t_{KV} - t_{KR} = \Delta_K. \tag{23}$$

Die Vor- und Rücklauftemperaturen der Heizkörper ergeben sich dann zu:

$$t_V = t_{KV} - \Sigma \vartheta_V, \tag{24}$$

$$t_R = t_{KR} + \Sigma \vartheta_R. \tag{25}$$

Mit den nunmehr bekannten Vor- und Rücklauftemperaturen des Heizkörpers ergeben sich dann die mittleren Temperaturen zu:

$$t_m = \frac{t_V + t_R}{2}. \tag{26}$$

C. WÄRMEVERLUSTE DER ROHRLEITUNGEN

Für die Berechnung der Wärmeverluste einer Rohrstrecke gilt die für Heizkörper gegebene Gl. 1 (Abschn. 4 E), die lediglich durch den Faktor $(1 - \eta)$, der den Wärmeschutz berücksichtigt, zu ergänzen ist:

$$W = f\, l\, k\, (1 - \eta)\, (t_m - t_r)\,. \tag{27}$$

Darin bedeuten:

W den Wärmeverlust des Rohres in kcal/h,

f die Außenfläche des Rohres in m^2/m,

l die Länge der Rohrstrecke in m,

t_r die Temperatur der das Rohr umgebenden Raumluft in ° C,

t_m die mittlere Temperatur des Wassers in ° C,

k die Wärmedurchgangszahl des nackten Rohres in kcal/m^{2}h °C,

η den Wirkungsgrad des Wärmeschutzes; so z. B. bedeutet $\eta = 0,7$, daß 70 % der Wärmeabgabe des nackten Rohres eingespart, also $1 - \eta = 0,3$ oder 30 % verlorengehen,

ΔW_R Wärmeverlust je 1 m Rohrlänge in kcal/m; für die verschiedenen praktisch vorkommenden Wirkungsgrade η und Abkühlungsbedingungen aus Tafel 6 zu entnehmen.

Die Vorlauftemperatur des ungünstigst gelegenen Heizkörpers wird mit 90°, die Rücklauftemperatur mit 70° angesetzt. Dies führt dazu, daß die Vorlauftemperatur am Kessel ungefähr 5° höher, etwa bei 95°, und die Rücklauftemperatur ungefähr 3° niedriger, etwa bei 67° liegt. Dementsprechend wird für die Vorlaufleitungen eine mittlere Temperatur von $t_m = 92,5°$, für die Rücklaufleitungen $t_m = 68,5°$ eingesetzt. Für die im Keller und in den Räumen verlegten Rohrleitungen gilt als Umgebungstemperatur $t_r = 20°$, für Vorlaufleitungen im Dachgeschoß 0°, —5° und —10°; für in gut verschlossenen Mauerschlitzen nackt verlegte Leitungen gilt $t_r = 45°$, für darin isoliert $(1 - \eta = 0,3)$ verlegte Leitungen $t_r = 35°$.

Auf Grund dieser Annahmen ist die Tafel 6 im Anhang berechnet worden, aus der für die verschiedenen praktisch vorkommenden Verhältnisse die Wärmeverluste je m Rohr ohne Rechnung abgelesen werden können.

D. ERMITTLUNG DER WIRKSAMEN DRÜCKE
UND DER WICHTENUNTERSCHIEDE
AUS DEN TEMPERATURUNTERSCHIEDEN

Die wirksamen Drücke sind gemäß Gl. 4 oder 6 neben der mittleren Höhe h abhängig von dem Unterschied der Wichten γ_2 und γ_1 am Anfange bzw. am Ende einer Teilstrecke. Die ältere Rechnung verlangte die Kenntnis der tatsächlich auftretenden Abkühlungstemperaturen. Hiervon kann man sich durch Anwendung

4*

eines bereits im Jahre 1924 angegebenen Verfahrens[1]) unabhängig machen, indem man das Gefälle G der Wichte einführt, worunter die Abnahme oder auch die Zunahme der Wichte je $1°$ Temperaturunterschied zu verstehen ist. Ist nun der Temperaturabfall ϑ in einer Rohrstrecke oder einem Heizkörper bekannt, dann ist der Wichtenunterschied einfach

$$\gamma_2 - \gamma_1 = \vartheta G \qquad (28)$$

und der wirksame Druck einer Teilstrecke

$$p = (\gamma_2 - \gamma_1)\,h = \vartheta G\,h. \qquad (29)$$

Die Änderung der Wichte G je $1°C$, die mit der Temperatur veränderlich ist, kann aus Tafel 1, S. 96, entnommen werden. Für praktische Rechnungen kommen im wesentlichen folgende Werte in Betracht:

Mittlere Temperatur in den Vorlaufleitungen . . . $t_m = 92{,}5°$ $G = 0{,}69$
Eintrittstemperatur für den ungünstigsten Heizkörper $t_V = 90°$ $G = 0{,}67$
Mittlere Heizkörpertemperatur . . . . $t_m = 80°$ $G = 0{,}62$
Austrittstemperatur für den ungünstigsten Heizkörper $t_R = 70°$ $G = 0{,}58$
Mittlere Temperatur in den Rücklaufleitungen . . $t_m = 68{,}5°$ $G = 0{,}56$

Der Wert G bedeutet der Definition nach nichts weiter als den Differenzenquotienten $\Delta\gamma/\Delta t$ für den Temperaturunterschied des Wassers von $\Delta t = 1°$. Weber[2]) ersetzt den Differenzenquotienten durch den Differentialquotienten $d\gamma/dt$ und entwickelt dazu die analytische Form des Gesetzes der Wichte in Abhängigkeit von der Temperatur. Da innerhalb des kleinen Temperaturintervalles von $1°$ ein linearer Verlauf des Gesetzes angenommen werden kann, genügt es, wenn die Gesetzmäßigkeit gemäß Tafel 1 von Grad zu Grad abgestuft vorliegt.

9. BERECHNUNG DER SCHWERKRAFTHEIZUNG MIT OBERER VERTEILUNG

Annahme der Rohrweiten. — Während man bei unterer Verteilung nur die wirksamen Drücke der Heizkörper in Rechnung stellt, sind bei oberer Verteilung zusätzlich die Kräfte zu berücksichtigen, die durch Abkühlung der Stränge und der im Dachgeschoß verlegten Vorlaufleitungen entstehen. Diese Kräfte, wie auch die Wassermengen, mit denen die einzelnen Teilstrecken zu belasten sind, sind vorerst unbekannt. Hinsichtlich der Wassermengen könnte man, wie bisher üblich, mit gleichen Temperaturunterschieden $\vartheta = 20°$ für alle Heizkörper rechnen. Für den Kostenanschlag, bei dem es auf größere Genauigkeit nicht ankommt,

---

[1]) M. Wierz: Die Berechnung der Etagenwarmwasserheizung. Gesundh.-Ing. Bd. 47 (1924), S. 345/347.
Derselbe: Über die Kräfte durch Rohrabkühlung in Warmwasserheizungen. Gesundh.-Ing. Bd. 48 (1925), S. 145/149.
[2]) A. P. Weber: Der Umtriebsdruck in Schwerkraft-Warmwasserheizungen. Gesundh.-Ing. Bd. 70 (1949), S. 177.

ist dieser Weg ausreichend. Um hierzu die Annahmetafeln 4 und 5 (s. Anhang), die für untere Verteilung gelten, nutzbar zu machen, ist den gewöhnlichen Höhen-abständen der Heizkörper ein Zuschlag zu geben, der annähernd wie folgt er-mittelt werden kann.

Es sei H der mittlere Höhenabstand der im Dachgeschoß verlegten Vorlauf-leitung vom Kesselmittel, dann läßt sich die zusätzliche Höhe, also die Höhe, die dem gewöhnlichen Höhenabstand des tiefststehenden Heizkörpers zuzuschlagen ist, nach folgender Gleichung ermitteln:

$$h_{zus} = a\,H \; [\mathrm{m}]: \tag{30}$$

darin ist a ein Erfahrungswert, der aus Zahlentafel 5 zu entnehmen ist. Mit dem darin angegebenen Beiwert b kann man auch den zusätzlichen Druck berechnen, der dem wirksamen Druck des Heizkörpers zuzuschlagen ist:

$$p_{zus} = b\,H \; [\mathrm{mm\,WS}]. \tag{31}$$

Zahlentafel 5. Beiwerte zur Ermittlung des Höhenzuschlages h_{zus} und des zusätzlichen wirksamen Druckes p_{zus}.

| Beiwert | Entfernung bis zum letzten Strang | | | |
| | $E = 50$ m | | $E = 100$ | |
	Stränge nackt	Stränge in Schlitzen	Stränge nackt	Stränge in Schlitzen
für Höhenzuschlag a . .	0,26	0,20	0,29	0,22
für Druckzuschlag b . .	3,20	2,40	3 60	2,70

Für das in Bild 38 gegebene Beispiel einer Anlage mit oberer Verteilung ist der Abstand H der im Dachgeschoß verlegten Vorlaufleitung vom Kesselmittel 17 m; die Stränge liegen in Schlitzen. Dem Höhenabstand h = 3 m des tiefst-stehenden Heizkörpers ist demnach gemäß obiger Zahlentafel ein Zuschlag von $aH = 0,2 \cdot 17 = 3,4$ m zu geben, so daß man mit dem Werte 6,4 m den ge-samten Stromkreis des ungünstigsten Heizkörpers unter Benutzung der Tafel 4e durchdimensionieren kann. Zuvor hat man jedoch die in Bild 38 und in der Zu-sammenstellung des Beiblattes 2 angegebenen Wassermengen mit 20 zu multi-plizieren.

Die Vorlaufleitungen der übrigen Stränge liegen, im Gegensatz zu den Anlagen mit unterer Verteilung, in den Stromkreisen der tiefststehenden Heizkörper; die Vorlaufstränge können daher nicht nach Tafel 5 bemessen werden; es gelten dafür die Annahmetafeln 4 mit den entsprechenden waagerechten Entfernungen E der Stränge vom Kessel. Der vorhin ermittelte Wert von 6,4 m kann auch hier verwandt werden, wenn auch der durch die Vorlaufleitung im Dachgeschoß er-zeugte wirksame Druck abnimmt; die Strangabkühlung bleibt aber bestehen, und der wirksame Druck der Heizkörper erhöht sich infolge der Zunahme der Tem-peraturunterschiede. Für die Rücklaufstränge und die Heizkörperanschlüsse bleibt jedoch die Tafel 5 des Anhanges bestehen.

Schätzung der umlaufenden Wassermengen. — Bei Berechnung des Rohrnetzes für die Ausführung wird man, um die Nachrechnungsarbeiten zu vereinfachen, bestrebt sein, die Rohrweiten schon bei der Annahme genauer zu treffen und deshalb zur Schätzung der veränderlichen Wassermengen der Heizkörper übergehen müssen. Erfahrungsgemäß, und wie sich auch bei diesem Beispiel herausstellen wird, sind die Temperaturunterschiede am Kessel etwa 26 bis 27°, wenn für den ungünstigsten Heizkörper ein Temperaturunterschied von 90° auf 70° gleich 20° vorausgesetzt wird. Je nach der Entfernung vom Kessel werden

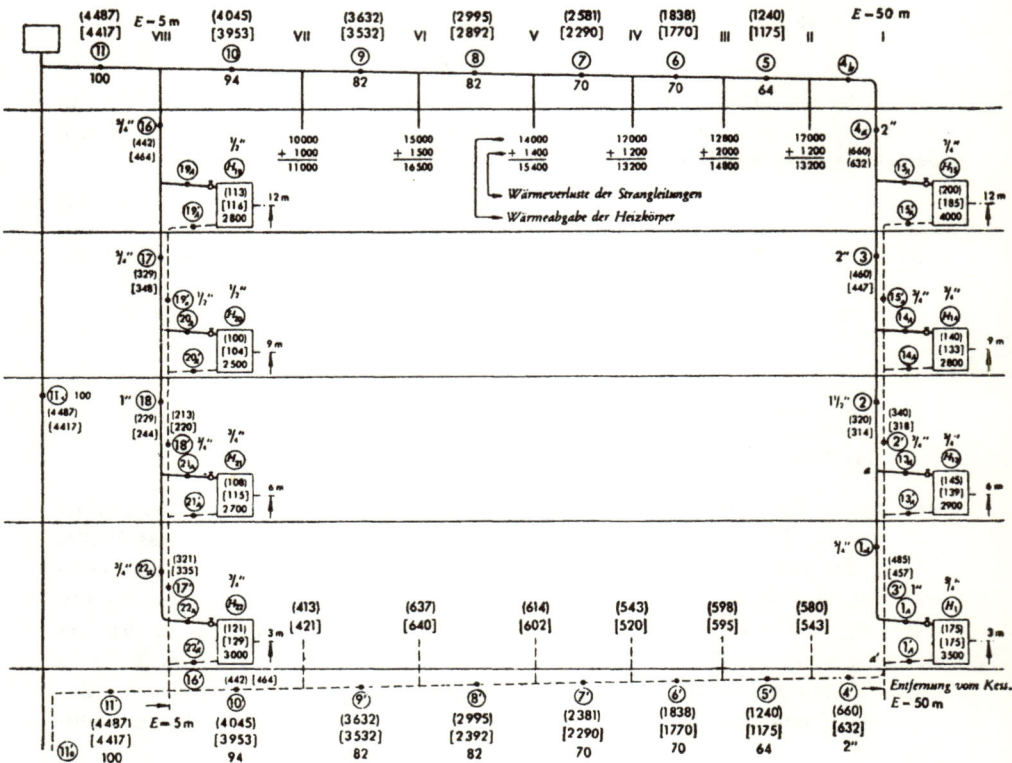

Bild 38. Rohrnetzberechnung einer Anlage mit oberer Verteilung unter Berücksichtigung veränderlicher Temperaturunterschiede der Heizkörper

die Temperaturunterschiede der Heizkörper an den einzelnen Strängen zwischen 20 und 26" liegen. Für das in Bild 38 angegebene Beispiel werden sich die Temperaturunterschiede wie folgt abstufen:

Strang	I	II	III	IV	V	VI	VII	VIII
Temp.-Unterschied	20°	20,7°	21,4°	22,1°	22,8°	23,5°	24,2°	24,9°

Auf Grund dieser Annahmen sind in Zahlentafel 6 die den Heizkörpern und Strängen zuzuführenden Wassermengen berechnet worden, woraus sich die Belastung der einzelnen Teilstrecken ergibt (siehe Spalte 2 der Zusammenstellung auf Beiblatt 2).

Zahlentafel 6. Ermittlung der für die Heizkörper und Stränge anzunehmenden Wassermengen für die Vorbemessung des Rohrnetzes.

Be-zeichnung	Wärme-abgabe W	Temp.-Unter-schied Δ_H	Was-ser-menge Q	Be-zeichnung	Wärme-abgabe W	Temp.-Unter-schied Δ_H	Was-ser-menge Q	Be-zeichnung	Wärme-abgabe W	Temp.-Unter-schied Δ_H	Was-ser-menge Q
	kcal h	°C	l/h		kcal/h	°C	l/h		kcal/h	°C	l/h
Strang *I*				Strg. *II*	12 000	20,7	580	Strg. *VIII*			
Heizk. H_1	3500	20	175	,, *III*	12 800	21,4	598	Heizk. H_{19}	2800	24,9	113
,, H_{13}	2900	20	145	,, *IV*	12 000	22,1	543	,, H_{20}	2500	24,9	100
,, H_{14}	2800	20	140	,, *V*	14 000	22,8	614	,, H_{21}	2700	24,9	108
,, H_{15}	4000	20	200	,, *VI*	15 000	23,5	637	,, H_{22}	3000	24,9	121
				,, *VII*	10 000	24,2	413				

Annahme der Rohrweiten nach dem in Abschnitt 7A angegebenen zweiten Verfahren. — Hierzu muß zunächst der wirksame Druck des ungünstigst gelegenen Heizkörpers H_1 (siehe Bild 38) bekannt sein. Sein wirksamer Druck beträgt 3,0 (90—70) $G = 3,0 \times 20 \cdot 0,62 = 37,2$ mm, dem noch für $E = 50$ m, $H = 17$ m und Strang im Schlitz nach Gl. 31 und Zahlentafel 5 der Zuschlag $bH = 2,4 \times 17 \cong 41$ mm zu geben ist, so daß der wirksame Gesamtdruck rd. 78 mm beträgt. Von diesem Betrag sind 50% für Einzelwiderstände abzuziehen, so daß für reine Reibung ein Betrag von 39 mm verbleibt, der auf die Gesamtstromkreislänge von 136 m (siehe Bild 38 und Zusammenstellung Spalte 3 des Beiblattes 2) zu verteilen ist. Es ergibt sich somit je m Stromkreislänge ein Reibungsverlust von $R \cong 0,29$ mm/m. Mit diesem Wert kann mit Hilfe der Tafel 2 im Anhang der ganze Stromkreis durchbemessen werden. Im Hinblick auf die großen Sprünge im Handelsmaß geschieht dies zum Teil gefühlsmäßig. Je mehr man sich dem Kessel nähert, runde man die Rohrdurchmesser stark nach unten ab, besonders dann, wenn die Einzelwiderstände in den Teilstrecken gering sind. Beim Übergang zu dem Stromkreis des Heizkörpers H_{13} ermittle man zunächst den bis zu den Punkten a und a' aufgebrauchten Druck, den man erhält, wenn man von dem Reibungsverlust des Stromkreises H_1 mit 39 mm die Reibung der Anschlußstrecken 1_u, 1_A und $1'_A$ mit $6 \times 0,29 \cong 1,7$ mm absetzt. Bis zu den Anschlußpunkten a, a' sind also 37,3 mm verbraucht. Der wirksame Druck des Heizkörpers H_{13} beträgt $6 \times 20 \times 0,62 = 74,4$ mm, dem noch der vorhin ermittelte zusätzliche Druck von 37,2 mm hinzuzufügen ist, so daß 111 mm zur Verfügung stehen. Für reine Reibung verbleiben 55,5 mm. Abzüglich 37,3 mm sind also noch rd. 18 mm übrig, die auf die 6 m langen Teilstrecken $3'$, $13'_A$ und 13_A zu verteilen sind. Mit $R = 18/6 = 3,0$ mm können dann diese Teilstrecken bemessen werden. Vor allem runde man im Hinblick auf die bei den höherstehenden Heizkörpern entstehenden erheblichen Drucküberschüsse die Strangleitungen stark nach unten ab. In gleicher Weise gehe man bei Bemessung der Stromkreisteile der übrigen Heizkörper vor. Bei dem Strang *VIII*, der dem Kessel am nächsten liegt, ist zuerst der Stromkreisteil des Heizkörpers H_{22} zu bemessen. Vom Kessel bis zu den Anschlußpunkten des Stranges an die im Keller und im Dachgeschoß befindlichen Hauptleitungen sind in den Teilstrecken *11, 11ₐ, 11'* und *11'ₙ* bereits 29,5 × 0,29 ≅ 8,6 mm verbraucht. Der wirksame Druck des mit 25° Unterschied arbeitenden Heizkörpers H_{22} beträgt 25 × 0,62 × 3 ≅ 48 mm. Von einem zusätzlichen Druck sehen wir ab, da in diesem Falle die Vorlaufleitungen im Dachgeschoß nur einen geringfügigen Beitrag liefern. Für reine Reibung sind daher 24 mm in Rechnung zu stellen, wovon 8,6 mm verbraucht sind. Es verbleibt daher zum Druckaufbrauch in dem zwischen den Anschlußpunkten des Stranges liegenden Stromkreisteil ein Betrag von rd. 16 mm, der auf eine Länge von 16,5 m zu verteilen ist. Mit $R \cong 1,0$ mm kann die Bemessung vorgenommen werden.

Die Strangteile der andern Heizkörper sind in gleicher Weise zu bemessen, wobei man aus bereits erörterten Gründen bestrebt sein soll, die Strangleitungen stark nach unten abzurunden.

Nachrechnung für die Ausführung. — Die Nachrechnung erstreckt sich auf die Ermittlung

1. der Temperaturabfälle der einzelnen Teilstrecken des Rohrnetzes, der Temperaturunterschiede der Heizkörper und der zu fördernden Wassermengen (siehe Zusammenstellung Beiblatt 2, Spalte 5 bis 10, und Bild 38),

2. der Druckverluste im Rohrnetz (Spalten 11 bis 15),

3. der wirksamen Drücke infolge Abkühlung der Rohrleitungen (Spalten 16 bis 20).

Dem Beispiel, Bild 38, liegen folgende Annahmen zugrunde:

Die Vorlauftemperatur des ungünstigsten Heizkörpers H_1 beträgt 90°, seine Rücklauftemperatur 70°, somit $\vartheta_1 = 20°$.

Für den Wärmeschutz der Hauptverteilungsleitungen gilt $\eta = 0,7$; die Stränge liegen in geschlossenen Schlitzen und sind isoliert. Die Umgebungstemperaturen sind: im Dachgeschoß − 5°, im Keller und in den Räumen 20°. Die Verlegungsart ist in Spalte 5 des Beiblattes 2 vermerkt; dort ist auch in Spalte 6 auf die in Frage kommenden Spalten der Tafel 6 des Anhanges verwiesen, aus der die Wärmeverluste $\varDelta W_R$ je m Rohr entnommen sind.

Die Teilstrecken des Vorlaufes werden durch fortlaufende Zahlen *1, 2, 3* usw. bezeichnet; die ihnen entsprechenden des Rücklaufes werden mit einem Strich versehen, z. B. *1', 2', 3'* usw. Die einander entsprechenden Teilstrecken des Vor- und Rücklaufes mit Ausnahme der Strangleitungen tragen gleiche Wassermengen. Wechseln die Abkühlungsbedingungen einer Teilstrecke, dann wird dies durch die Fußzeichen *a, b* usw. kenntlich gemacht, z. B. Teilstrecken *4ₐ, 4ᵦ, 11, 11ₙ* in Bild 38. Die Anschlüsse der Heizkörper an die Stränge erhalten das Fußzeichen *A*, z. B. für den Heizkörper $H_1, 1_A, 1'_A$. Die Heizkörper sind ebenfalls Teilstrecken und erhalten als Fußzeichen die Teilstreckenzahl des Anschlusses. Ferner bedeuten:

  W die Eigenwärmeverluste der Teilstrecken in kcal/h (Beiblatt 2, Spalte 8); sie werden durch Multiplikation der Rohrlänge *l* (Spalte 3) mit $\varDelta W_R$ (Spalte 7) ermittelt,

Q die zu fördernden Wassermengen der Teilstrecken in l/h (Spalte 2 enthält die Werte für die Annahme, Spalte 10 für die Nachrechnung),

ϑ den Temperaturabfall einer Teilstrecke in $^\circ$C (Spalte 9); ϑ ergibt sich durch Division der Wärmemenge W (Spalte 8) mit der angenommenen Wassermenge Q der Spalte 2,

h die mittleren Höhenabstände der Heizkörper und Teilstrecken vom Kesselmittel in m (Spalte 16),

G die aus Tafel 1 zu entnehmende Änderung der Wichte je 1° Temperaturunterschied (Spalte 18),

$\gamma_2 - \gamma_1$ den Wichtenunterschied zwischen Ende und Anfang einer Teilstrecke; er ergibt sich durch Multiplikation von G (Spalte 18) mit ϑ (Spalte 17 oder 9),

$h(\gamma_2 - \gamma_1)$ den wirksamen Einzeldruck in mm WS einer Teilstrecke (Spalte 20).

Die in den Spalten 11 bis 15 des Beiblattes 2 durchgeführte Druckverlustberechnung entspricht der des Beiblattes 1 für untere Verteilung, so daß sich eine besondere Erläuterung erübrigt.
Es ist jetzt noch auf die Ermittlung der veränderlichen Temperaturunterschiede der Heizkörper und der diesen zuzuleitenden Wassermengen einzugehen. Aus Beiblatt 2 (Spalte 9) können die Temperaturabfälle ϑ für alle Teilstrecken bis zu den

Zahlentafel 7. Ermittlung der Temperaturunterschiede und Wassermengen der Heizkörper, Vor- und Rücklauftemperaturen und mittlere Heizkörpertemperaturen.

Heizkörper	Temperaturabfall		Temp.-Unterschied Δ_H	Wärmeabgabe W	Wassermenge Q	Temperaturen an den Heizkörpern		
	$\Sigma \vartheta_V$	$\Sigma \vartheta_R$				Vorlauf t_V	Rücklauf t_R	Mittel t_m
	$^\circ$C	$^\circ$C	$^\circ$C	kcal h	l h	$^\circ$C	$^\circ$C	$^\circ$C
H_1	5,28	1,61	20,00	3500	175	90,00	70,00	80,00
H_{13}	4,43	1,57	20,89	2900	139	90,85	69,96	80,40
H_{14}	4,09	1,69	21,11	2800	133	91,19	70,08	80,63
H_{15}	3,53	1,73	21,63	4000	185	91,75	70,12	80,93
H_{22}	2,95	0,67	23,27	3000	120	92,33	69,06	80,69
H_{21}	2,50	0,85	23,54	2700	115	92,78	69,24	81,01
H_{20}	1,98	0,92	23,99	2500	104	93,30	69,31	81,31
H_{19}	1,55	1,10	24,24	2800	124	93,73	69,49	81,62

Heizkörpern entnommen werden; ihre Summen, $\Sigma \vartheta_V$ und $\Sigma \vartheta_R$, sind in der Zahlentafel 7 angegeben. Daraus errechnet sich auf Grund der für den Heizkörper H_1 getroffenen Annahme einer Vor- und Rücklauftemperatur von 90° auf 70°, also $\Delta_{H1} = 20^\circ$, gemäß Gl. 19 der Temperaturunterschied am Kessel zu

$$\Delta_K = 5,28 + 20 + 1,61 = 26,89^\circ;$$

die Vorlauftemperatur am Kessel wird gemäß Gl. 21

$$t_{KV} = 90 + 5,28 = 95,28^\circ$$

und nach Gl. 22 die Rücklauftemperatur

$$t_{KR} = 70 - 1,61 = 68,39^0.$$

Für den aus obiger Zahlentafel herausgegriffenen günstigst gelegenen Heizkörper H_{19} ergibt sich folgendes:

Nach Gl. 20 ist der Temperaturunterschied zwischen Vor- und Rücklauf:

$$\Delta_{H_{19}} = 26,89 - (1,55 + 1,1) = 24,24^0,$$

die Vorlauftemperatur nach Gl. 24

$$t_V = 95,28 - 1,55 = 93,73^0$$

und nach Gl. 25 die Rücklauftemperatur:

$$t_R = 68,39 + 1,1 = 69,49^0.$$

In gleicher Weise werden die Temperaturunterschiede und die Ein- und Austrittstemperaturen der übrigen Heizkörper bestimmt. Zu beachten ist noch, wie aus der letzten Spalte der Zahlentafel 7 hervorgeht, daß die mittleren Heizkörpertemperaturen nur wenig schwanken.

Jetzt sind noch die durch die Zwischenstränge *II* bis *VII* zu fördernden Wassermengen zu bestimmen. Hierzu müssen die aus der Zusammenstellung des Beiblattes 2 zu entnehmenden Temperaturabfälle $\Sigma \vartheta_V$ und $\Sigma \vartheta_R$ vom Kessel bis zu den Anschlußpunkten der Stränge an die Hauptverteilungsleitungen zusammengestellt werden, was in der Zahlentafel 8 geschehen ist. Die Wassermengen, die durch die Stränge fließen, werden durch die Heizkörperleistungen und die Wärmeverluste der Rohrstränge abgekühlt; letztere können mit 10% der Heizkörperleistungen berücksichtigt werden. Die Temperaturunterschiede der Stränge zwischen ihren Anschlußpunkten an die Hauptverteilungsleitungen werden, wie vorhin für die Heizkörper, nach Gl. 20 ermittelt. Daraus erhält man dann durch Teilung der Wärmemengen mit diesen Temperaturunterschieden die Wassermengen. Die Rechnungen sind in der Zahlentafel 8 durchgeführt.

Zahlentafel 8. Ermittlung der Wassermengen der Stränge *II* bis *VII*.

Strang	Temperaturabfall $\Sigma \vartheta_V$ °C	$\Sigma \vartheta_R$ °C	Temp.-Unterschied Δ °C	Wärmeabgabe W kcal/h	Wassermenge Q l/h
II	1,93	0,68	24,28	13 200	543
III	1,53	0,52	24,84	14 800	595
IV	1,19	0,39	25,31	13 200	520
V	1,04	0,33	25,52	15 400	602
VI	0,84	0,25	25,80	16 500	640
VII	0,65	0,17	26,07	11 000	421

Nunmehr sind alle Wassermengen bestimmt, mit denen die Teilstrecken der Anlage nach Bild 38 zu belasten sind; sie sind zum Unterschied gegenüber den mit runden Klammern gekennzeichneten Annahmewerten mit eckigen Klammern versehen.

Für den ungünstigsten Stromkreis des Heizkörpers H_1 betragen gemäß Spalte 15 des Beiblattes 2 die Druckverluste 74,65 mm, denen nach Spalte 20 ein wirksamer Gesamtdruck von 80,35 mm gegenübersteht; eine Änderung der Rohrweiten kommt in diesem Stromkreis nicht in Frage. Man tut gut, bei dem ungünstigsten Stromkreis stets mit einem reichlichen Drucküberschuß zu rechnen. Für die übrigen Heizkörperstromkreise kann der Rechnungsgang an Hand dieses Beiblattes und des Bildes 38 weiterverfolgt werden.

Die Berechnung der Druckverluste wurde auf Grund der korrigierten Wassermengen durchgeführt, während für die Ermittlung der wirksamen Drücke die Annahmewerte beibehalten wurden, da wesentliche Änderungen der Temperaturabfälle ϑ der Teilstrecken nicht zu erwarten sind. Doch wird zur Übung empfohlen, auch diese Rechnung mit den korrigierten Wassermengen durchzuführen.

10. DIE STOCKWERKHEIZUNG[1])

Ausführungsformen. — Die Stockwerkheizung ist eine Anlage mit oberer Verteilung und wird in der gleichen Weise berechnet. Meist ist man auf die Abkühlungsdrücke der Vorlaufleitungen angewiesen, da die Heizkörper gewöhnlich auf annähernd gleicher Höhe mit dem Kessel stehen. Deshalb sollen die Rohrleitungen nicht gegen Wärmeabgabe geschützt oder in Deckenhohlräumen (Vouten)

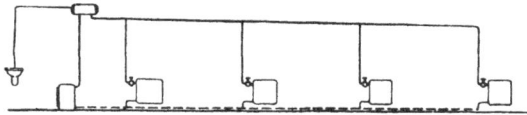

Bild 39. Stockwerkheizung mit tiefliegendem Rücklauf

verlegt werden; jedoch ist bei langen Leitungen zu den entferntesten Heizkörpern Wärmeschutz angebracht, um einer zu starken Herabsetzung der Vorlauftemperaturen vorzubeugen. Die Stockwerkheizung wird in der Regel nicht als Dauerheizung betrieben. Sie ist eine ausgesprochene Anlage für unterbrochenen Betrieb. Deshalb ist zur Erzielung schnellen Hochheizens auf einen geringen Wasserinhalt Bedacht zu nehmen. Um schnelles Anlaufen sicherzustellen, soll man danach trachten, die Heizkörper so hoch auf Konsolen zu stellen, daß eine wenn auch noch so geringe mittlere Überhöhe h gegenüber dem Kessel vorhanden ist. Es ist hier jeder Zentimeter Höhe von Bedeutung. Vor allem vermeide man nach Möglichkeit negative Höhenabstände der Heizkörper. Da die Umtriebskraft im wesentlichen durch die Abkühlung der hochliegenden Vorlaufleitungen erzeugt wird,

[1]) *G. Wolf:* Berechnung von Etagenwarmwasserheizungen. Gesund.-Ing. Bd. 33 (1910), S. 630.
G. Hager: Berechnung von Stockwerkheizungen. Ebenda Bd. 49 (1926), S. 426.
Popp: Stockwerkheizung mit hochgeführtem Rücklauf. Ebenda Bd. 54 (1931), S. 173.
Spörri: Syphon-Warmwasserheizung. Ebenda Bd. 54 (1931), S. 307.
Squasi: Syphon-Warmwasserheizung. Ebenda, S. 558.
v. d. Marel: Stockwerkheizung mit hochgeführtem Rücklauf. Ebenda Bd. 55 (1932), S. 92.
Ritter u. *Pakusa:* Die Stockwerkheizung. Halle/S. 1930.

ist zum wirksamen Anheizen ihre schnelle Erwärmung Bedingung. Man tut deshalb gut, den entferntesten Heizkörper etwas höher zu stellen, der alsdann gewissermaßen als Erreger des Wasserumlaufes aufgefaßt werden kann. Vom Kessel aus führt der Vorlauf (s. Bild 39) zu dem gewöhnlich geschlossenen Ausdehnungsgefäß hoch, von dem eine Überlaufleitung (meist 1'') offen in einen Ausguß mündet. Die waagerechte, zu den Heizkörpern führende Vorlaufleitung wird gewöhnlich vom Ausdehnungsgefäß abgezweigt und von hier aus zwecks Entlüftung mit Gefälle verlegt. Die Rücklaufleitungen können an den Fußleisten entlang oder in dem darunterliegenden Geschoß verlegt werden und sind im letzteren Falle gegen Wärmeabgabe zu schützen. Beim Einbau von Stockwerkheizungen in Altbauten macht die Verlegung der Rücklaufleitungen an den Fuß-

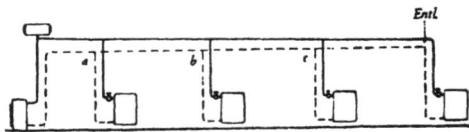

Bild 40. Stockwerkheizung mit hochliegendem Rücklauf

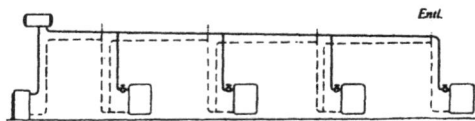

Bild 41. Die Schleifenheizung

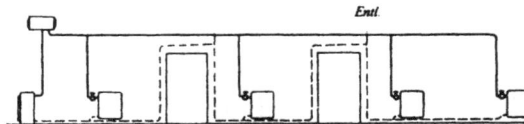

Bild 42. Überbrückung baulicher Hindernisse

leisten infolge baulicher Hindernisse (Türen usw.) Schwierigkeiten. Man benutzt daher gern die Anordnung mit hochverlegter Rücklaufleitung nach Bild 40. Diese Anordnung führt aber oft zu unangenehmen Störungen. Es bleiben ohne erkennbaren Grund einzelne Heizkörper aus, die schwer wieder zum Laufen zu bringen sind. Die Ursachen sind darauf zurückzuführen, daß in den hochliegenden Punkten der Rückleitung a, b und c durch Zusammenfließen von Heizkörperrücklaufwasser verschiedener Temperatur jene Erscheinungen entstehen, die in dem Abschnitt »Ungleichmäßige Rücklauftemperaturen« (Gl. 8 und 9) eingehend beschrieben worden sind. Um diese unliebsamen Vorgänge zu verhindern, hat man, wie dort gesagt, nur dafür zu sorgen, daß in den Gl. 8 und 9 die Höhe $h_z = 0$ wird, d. h. man verlegt die Zusammenflußpunkte a, b und c des Bildes 40 möglichst in der Höhe des Kesselmittels. Dies wird durch die Schleifen-(Syphon-)Heizung erreicht. Wie aus Bild 41 ersichtlich, wird die Rückleitung zur Aufnahme des Rücklaufwassers eines Heizkörpers stets nach unten und dann erst wieder hochgeführt.

Die Rückleitungen sind an den gefährdeten Punkten zu entlüften, zu welchem Zwecke es genügt, eine $3/8''$-Leitung über den Wasserstand des Ausdehnungsgefäßes, am besten bis zur Decke, offen hochzuführen. Die gesammelte Rückführung dieser Entlüftungsstellen zum Ausdehnungsgefäß erübrigt sich. Mit gleichem Erfolge kann man aber auch die Rückleitung am Fußboden liegen lassen und, wie es das Bild 42 zeigt, die Türöffnungen überbrücken. Die Anordnungen nach Bild 41 und 42 gewährleisten schnelles Anlaufen und sicheres Erwärmen der Heizkörper selbst bei sehr ausgedehnten Rohrnetzen. Die Unterbringung der Heizkörper in den Fensternischen bietet gar keine Schwierigkeiten mehr. Wichtig ist für Altbauten, daß hinsichtlich Führung der Leitungen jede Bewegungsfreiheit gegeben ist, ohne daß es nötig wird, die Fußböden aufzunehmen.

Von der Ausführung der Anlagen mit hochverlegtem Rücklauf nach Bild 40 sollte man absehen; sie weisen nämlich noch, wie sich mittels des Satzes von der Summe der wirksamen Drücke nachweisen läßt den Übelstand auf, daß abgestellt gewesene erkaltete Heizkörper sich nicht mehr von selbst in den Kreislauf einschalten können. Zu dem gleichen Ergebnis gelangt auch *L. Kopp*[1]) auf Grund von ihm entwickelter sogenannter Überdruckschaubilder.

Berechnung der Stockwerkheizungen. Da bei der Stockwerkheizung die Umtriebskräfte fast ausschließlich durch die Abkühlung der Rohrleitungen hervorgerufen werden, gelten hierfür die für das Beispiel der oberen Verteilung entwickelten Berechnungsgrundsätze in erhöhtem Maße. Durch sachgemäße Bemessung dieser Anlagen können die gerade hierbei bisher aufgetretenen unliebsamen Erscheinungen mit Sicherheit vermieden werden.

Bei tiefliegenden Rücklaufleitungen sind wegen ihrer geringen Höhenlage zum Kesselmittel die Einflüsse an den Zusammenflußpunkten nicht so sehr erheblich, daß man unbedingt mit veränderlichen Temperaturunterschieden der Heizkörper rechnen müßte. Doch tut man gut, dies beizubehalten. Man schaltet dadurch alle unliebsamen Erscheinungen, wenn sie auch gering sind, von vornherein aus und erreicht, was besonders anzustreben ist, geringe Durchmesser der Hauptleitungen und der Kesselanschlüsse, fernerhin nahezu gleiche mittlere Temperaturen für alle Heizkörper.

Bei Anlagen mit tiefliegendem Rücklauf kann man die Wärmeverluste der Vorlaufleitungen zu etwa 30%, die der Rücklaufleitungen zu etwa 15% der Gesamtleistung der Heizkörper schätzen. Demgemäß wird man mit einem erheblichen Temperaturabfall in den Vorlaufleitungen bis zum letzten Heizkörper rechnen müssen, der $10°$ und mehr (bei den Rücklaufleitungen die Hälfte) betragen kann. Wollte man die Vorlauftemperatur des letzten Heizkörpers mit $90°$ bemessen, dann würde bei der gewöhnlich nur geringen Höhenlage des Ausdehnungsgefäßes die Siedetemperatur des Wassers erreicht werden. Man wird daher die Vorlauftemperatur am Kessel auf $90°$ begrenzen, womit gleichzeitig die Temperaturunterschiede der Heizkörper und des Kessels festgelegt sind. Bei der in Bild 43

---

[1]) *L. Kopp:* Die örtliche Regelbarkeit der Stockwerk-Warmwasserheizungen. Gesundh.-Ing. Bd. 57 (1934), S. 377.

Zahlentafel 9. Nachprüfung der getroffenen Annahme.

Teilstrecke Nr.	Annahme			Nachprüfung		
	Q l/h	l m	d in Zoll	$\Delta\vartheta$ °C/m	ϑ °C	Q l/h
1	2	3	4	5	6	7

Heizkörper 1

1_a	77	2,0	$^3/_4$	0,87	1,74	71
1_b	77	3,0	$^3/_4$	0,87	2,61	71
2	168	4,0	$^5/_4$	0,58	2,32	158
3	216	5,0	$^5/_4$	0,48	2,40	204
4	299	3,0	$1^1/_2$	0,38	1,14	286
4_a	299	2,5	$1^1/_2$	0,38	0,95	286
$4'$	299	3,0	$1^1/_2$	0,25	0,75	286
$3'$	216	5,0	$^5/_4$	0,31	1,55	204
$2'$	168	4,0	$^5/_4$	0,38	1,52	158
$1'$	77	3,0	$^3/_4$	0,56	1,68	71

$$\Sigma\,\vartheta_V + \Sigma\,\vartheta_R = 16,66 \,;\; \Delta_{H_1} = 18,34$$

Heizkörper H_5

5	91	2,0	$^3/_4$	0,74	1,48	87

Teilstrecke 2 bis 4a, 2' bis 4' $= 10,63$

$$\Sigma\,\vartheta_V + \Sigma\,\vartheta_R = 12,11 \,;\; \Delta_{H_5} = 22,89$$

Heizkörper H_6

6	48	2,0	$^1/_2$	1,1	2,20	46

Teilstrecke 3 bis 4a, 3', 4' $= 6,79$

$$\Sigma\,\vartheta_V + \Sigma\,\vartheta_R = 8,99 \,;\; \Delta_{H_6} = 26,01$$

Heizkörper H_7

7	83	2,0	$^3/_4$	0,81	1,62	82

Teilstrecke 4, 4a, 4' $= 2,84$

$$\Sigma\,\vartheta_V + \Sigma\,\vartheta_R = 4,46 \,;\; \Delta_{H_7} = 30,54$$

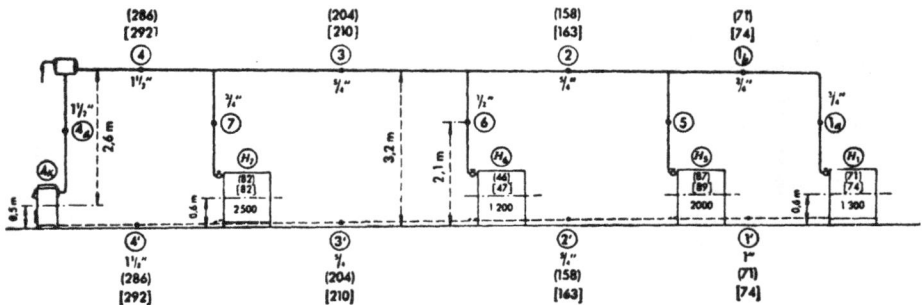

Bild 43. Zur Rohrnetzberechnung einer Stockwerkheizung

Zahlentafel 10. Zusammenstellung der Berechnung einer Stockwerkheizung nach Bild 43.

Stromkreis des Heizkörpers H₁

Teilstrecke Nr.	Annahme Q l/h	l m	d Zoll	ΔW_R kcal/h m	W kcal/h	ϑ °C	Q l/h	ζ	l_g m	l+l_g m	R mm/m	(l+l_g)R mm	H m	ϑ °C	G kg/m³°C	(γ₂—γ₁) kg/m³	H(γ₂—γ₁) mm
1	2	3	4	5	6	7	8	9	10	11	12	13	14	15	16	17	18
1a	71	2,0	3/4	67	134	1,88	74	8,5	3,49	8,49	0,55	4,66	0,6	17,56	0,58	10,20	6,10
1b	71	3,0	3/4	67	201	2,83	74						2,1	1,88	0,65	1,22	2,56
2	158	4,0	3/4	99	396	2,43	163	1,0	0,82	4,82	0,14	0,67	3,2	2,83	0,65	1,84	5,88
3	204	5,0	3/4	99	495	2,37	210	1,0	0,82	5,82	0,23	1,34	„	2,43	„	1,58	5,05
4	286	3,0	1½	115	345	1,18	292	1,0	1,02	4,02	0,20	0,80	„	2,37	„	1,54	4,93
4a	286	2,5	1½	115	298	0,99	292	3,0	3,06	5,56	0,20	1,11	„	1,18	„	0,77	2,46
4'	286	3,0	1½	76	228	0,78	292	1,0	1,02	4,02	0,20	0,81	2,0	0,99	„	0,64	1,28
3'	204	5,0	5/4	65	325	1,56	210	1,0	0,82	5,82	0,23	1,34	0	0,78		0	
2'	158	4,0	5/4	65	260	1,60	163	1,0	0,82	4,82	0,14	0,67	0	1,56		0	
1'	71	3,0	3/4	43	129	1,82	74	6,5	2,67	5,67	0,65	3,12	0	1,60		0	
													0	1,82			
Kessel													0,5	36,00	0,59	—20,6	—10,30

ΔH₁ = 17,56; ΣϑV + ΣϑR = 17,44 — Druckverlust = 14,52 — Wirksamer Druck = 17,96

Stromkreis des Heizkörpers H₅

Teilstrecke	Q l/h	l m	d	ΔW_R	W	ϑ	Q	ζ	l_g	l+l_g	R	(l+l_g)R	H	ϑ	G	(γ₂—γ₁)	H(γ₂—γ₁)
H₅ / 5	87	2,0	3/4	67	134	1,54	89	13,5	5,63	7,53	0,8	6,03	0,6	22,50	0,58	13,10	7,85
5	87												2,1	1,54	0,65	1,00	2,10
Kessel													0,5	36,00	0,59	—20,60	—10,30

Teilstrecke 2 bis 4a, 2' bis 4' 10,91 — Teilstrecke wie vorher 13,37
ΔH₅ = 22,55; ΣϑV + ΣϑR = 12,45 — Druckverlust = 12,77 — Wirksamer Druck = 13,37

Stromkreis des Heizkörpers H₆

Teilstrecke	Q l/h	l m	d	ΔW_R	W	ϑ	Q	ζ	l_g	l+l_g	R	(l+l_g)R	H	ϑ	G	(γ₂—γ₁)	H(γ₂—γ₁)
H₆ / 6	46	2,0	½	54	108	2,35	47	13,5	4,05	6,05	1,0	6,06	0,6	25,77	0,58	15,50	9,30
6	46												2,1	2,35	0,65	1,53	3,22
Kessel													0,5	36,00	0,59	—20,60	—10,30

Teilstrecke 3 bis 4a, 3' bis 4' 5,40 — Teilstrecke wie vorher 8,67
ΔH₆ = 25,77; ΣϑV + ΣϑR = 9,23 — Druckverlust = 11,54 — Wirksamer Druck = 10,89

Stromkreis des Heizkörpers H₇

Teilstrecke	Q l/h	l m	d	ΔW_R	W	ϑ	Q	ζ	l_g	l+l_g	R	(l+l_g)R	H	ϑ	G	(γ₂—γ₁)	H(γ₂—γ₁)
H₇ / 7	82	2	3/4	67	134	1,64	82	13,5	5,63	7,53	0,7	5,15	0,6	30,41	0,58	17,60	10,55
7	82												2,1	1,64	0,65	1,92	4,03
Kessel													0,5	36,00	0,59	—20,60	—10,30

Teilstrecke 4 bis 4a, 4' 2,95 — Teilstrecke wie vorher 3,47
ΔH₇ = 30,41; ΣϑV + ΣϑR = 4,59 — Druckverlust = 7,84 — Wirksamer Druck = 7,75

Bemerkungen.

H in Spalte 14 bedeutet hier den Abstand der Wärmemittelpunkte vom Fußboden.

Die Werte H (γ₂—γ₁) in Spalte 18 sind scheinbare Drücke.

Heizkörper H₁
Wirks. Druck 17,96 mm, Druckverlust 14,52 mm, Überschuß 3,44 mm.
Keine Änderung erforderlich.
Erwärmungspunkt, Druck negativ!

Heizkörper H₅
Wirks. Druck 13,37 mm, Druckverlust 12,77 mm, Überschuß 0,60 mm.
Keine Änderung!

Heizkörper H₆
Wirks. Druck 10,89 mm, Druckverlust 11,54 mm, Unterschuß — 0,65 mm.
Keine Änderung!

Heizkörper H₇
Wirks. Druck 7,75 mm, Druckverlust 7,87 mm, Unterschuß — 0,12 mm.
Keine Änderung!

dargestellten Anlage einer Stockwerkheizung wird sich der Temperaturunterschied am Kessel von 90 auf etwa 55°, also auf 35°, einstellen. Geht man von dieser Annahme aus, dann werden die vier Heizkörper dieses Beispiels etwa folgende Temperaturunterschiede Δ_H annehmen:

	H_1	H_5	H_6	H_7
$W =$	1300	2000	1200	2500 kcal/h
$\Delta_H =$	17°	22°	25°	30°
$Q =$	77	91	48	83 l/h

Gleichzeitig ergeben sich daraus gemäß Gl. 3 die zu fördernden Wassermengen Q. Da die Schätzung sehr willkürlich vorgenommen ist und eine ausreichende Schätzungspraxis nicht allgemein vorausgesetzt werden kann, tut man gut, sich durch eine kurze Proberechnung von der Zulässigkeit der zunächst getroffenen Annahme zu überzeugen. Zu diesem Zweck sind in der Zahlentafel 9 die Teilstrecken der Stromkreise der Heizkörper zusammengestellt. In Spalte 2 sind die auf Grund der Annahme zu fördernden Wassermengen und in Spalte 3 die Rohrlängen eingetragen. Die in Spalte 3 angegebenen Rohrdurchmesser ergeben sich aus der Tafel 7 des Anhangs für einen mittleren Höhenabstand der Vorlaufleitung von 2,6 m über Kesselmittel, wobei die Heizkörperzuleitungen eine Rohrweite geringer gewählt werden können.

Zur schnellen Ermittlung des Temperaturabfalles in den Teilstrecken dienen die Tafeln 9 und 10 des Anhanges, aus denen für die jeweiligen Rohrdurchmesser und Wassermengen der Temperaturabfall $\Delta \vartheta$ je m Rohr zu entnehmen ist. Durch Multiplikation von $\Delta \vartheta$ (Zahlentafel 9, Spalte 5) mit der Rohrlänge l (Spalte 3) erhält man den Temperaturabfall ϑ (Spalte 6). Der in den Vorlauf- und Rücklaufleitungen bis zu den einzelnen Heizkörpern auftretende Temperaturabfall $\Sigma \vartheta_V + \Sigma \vartheta_R$ kann aus der Zahlentafel 9 entnommen werden. Daraus ergeben sich gemäß Gl. 20 mit $\Delta_K = 35$ die Temperaturunterschiede Δ_H der einzelnen Heizkörper und daraus nach Gl. 3 ihre Wassermengen. Nachstehend ist das Ergebnis der Proberechnung zusammengestellt:

	H_1	H_5	H_6	H_7
$W =$	1300	2000	1200	2500
$\Sigma \vartheta_v + \Sigma \vartheta_R =$	16,66	12,11	8,99	4,46
$\Delta_H =$	18,34	22,89	26,01	30,54
$Q =$	71	87	46	82

Ein Vergleich mit der vorhin getroffenen willkürlichen Annahme zeigt, daß diese zufällig gut getroffen worden ist. Die oben gefundenen Wassermengen werden der endgültigen Durchrechnung des Beispiels als Annahme zugrunde gelegt; sie sind in der Zusammenstellung der Rechnungswerte zu diesem Beispiel, Zahlentafel 10, in Spalte 2 eingetragen.

Der weitere Rechnungsgang entspricht dem auf Beiblatt 2 für die Anlage mit oberer Verteilung durchgeführten, so daß sich weitere Erläuterungen hierzu erübrigen. Nur auf die abweichende Berechnung der Umtriebsdrücke ist aufmerksam zu machen. Es wird hier nämlich der abgeänderte Satz von der Summe der wirksamen Einzeldrücke gemäß Gl. 6b angewendet, wonach man die gewöhnlich durch den Wärmemittelpunkt des Kessels gelegte Bezugslinie nach dem Fußboden verlegen darf. Dies hat den Vorzug, daß sich die negativen Einzeldrücke der Rücklaufleitungen von selbst mit berücksichtigen. Die mit großem Buchstaben H gekennzeichneten Abstände der Wärmemittelpunkte der Teilstrecken werden also vom Fußboden aus gemessen. Es ist dabei zu beachten, daß die Einzeldrücke nicht mehr die tatsächlichen sind. Die Abweichungen gleichen sich dadurch aus, daß der Wärmemittelpunkt des Kessels als Erwärmungspunkt mit einem negativen Einzeldruck auftritt, der von den scheinbaren Einzeldrücken der Teilstrecken abzuziehen ist. Die aus Zahlentafel 10 entnommenen Rechnungswerte sind in Zahlentafel 11 zusammengefaßt. $\varDelta_{II}$ wird nach Gl. 20, t_V nach Gl. 24, t_R nach Gl. 25 und t_m nach Gl. 26 berechnet. Es ist noch darauf hinzuweisen, daß die mittleren Heizkörpertemperaturen t_m nur wenig um 70^0 schwanken.

Z a h l e n t a f e l 11. Zusammenstellung der Rechenergebnisse aus Zahlentafel 10.

Heizkörper	H_1	H_5	H_6	H_7
W	1300	2000	1200	2500
$\Sigma\,\vartheta_v$	11,68	8,51	6,89	3,81
$\Sigma\,\vartheta_R$	5,76	3,94	2,34	0,78
$\varDelta_H$	17,56	22,55	25,77	30,41
Q	74	89	47	82
t_v	78,32	81,49	83,11	86,19
t_R	60,76	58,94	57,34	55,78
t_m	69,54	70,21	70,23	70,98

Man hätte sich die Durchrechnung des Beispiels durch Anwendung der Tafeln 9 und 10 des Anhanges, aus denen der Temperaturabfall $\varDelta\,\vartheta$ unmittelbar entnommen werden kann, erleichtern können. Es wurde aber davon Abstand genommen, da die Wärmeverluste der Rohrleitungen ohnedies ermittelt werden müssen. Man erhält sie aus Zahlentafel 10 durch Addition der Werte in Spalte 6 zu 3177 kcal/h. Die Leistung der Heizkörper beträgt 7000 kcal/h, somit ist der Kessel für 10 177 kcal/h zu bemessen. Soweit die Rohrleitungen in den zu beheizenden Räumen liegen, können die Heizkörperflächen entsprechend vermindert werden.

E i n f l u ß v o n Ü b e r b r ü c k u n g e n. — Über die Vermehrung des Widerstandes durch Überbrückungen soll folgendes Beispiel Aufschluß geben. In Bild 44 ist für die Teilstrecke 2′ der Stockwerkheizung nach Bild 43 eine Türüberbrückung angenommen worden, wofür der vermehrte Widerstand und wirksame Druck zu ermitteln ist. Der Widerstand vermehrt sich um die Reibung der beiden senkrechten Rohrlängen an den Türpfosten und um die Einzelwiderstände der vier Rohrkrümmer mit $\Sigma\,\zeta = 2$. Für $Q = 163$ l/h und $d = {}^5/_4{}''$ wird $R = 0,14$ und $l_g = 1,64$. Der vermehrte Widerstand beträgt demnach

$$(l + l_g)\,R = (4,2 + 1,64)\,0,14 = 0,82\ \text{mm}\,.$$

Der vermehrte wirksame Druck $G\,\vartheta\,h$ ergibt sich aus dem Temperaturabfall $\vartheta = l\,\varDelta\,\vartheta$ der über Kesselmittel befindlichen beiden seitlichen Rohrstrecken von je $2\times0,95 = 1,9$ m Länge und der über der Tür liegenden Strecke von 1,4 m. Der Abstand der Wärmemittelpunkte der einzelnen Strecken ist aus Bild 44 zu entnehmen. Nach Tafel 10 im Anhang ist $\varDelta\,\vartheta = 0,62^0$ und nach Tafel 1 $G = 0,52$ für etwa 60^0 anzunehmen.

Strecken rechts oder links neben der Tür:

$$\vartheta = l\,\varDelta\vartheta = 1,9\times0,62 = 1,18^0,$$

$$G\,\vartheta\,h = 0,52\times1,18\times0,95 \cong 0,58 \text{ mm}.$$

Strecke über der Tür:

$$\vartheta = l\,\varDelta\vartheta = 1,4\times0,62 = 0,87^0,$$

$$G\,\vartheta\,h = 0,52\times0,87\times1,9 = 0,86 \text{ mm}.$$

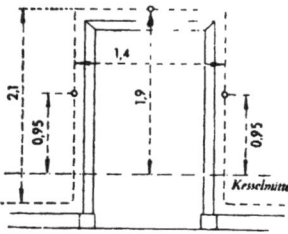

Bild 44. Widerstand und wirksamer Druck einer Türüberbrückung

Die drei Teilstrecken der Türüberbrückung ergeben somit einen vermehrten wirksamen Druck von $2\times0,58 + 0,86 = 2,02$ mm, dem ein erhöhter Widerstand von nur 0,82 mm gegenübersteht. Daraus ist zu folgern, daß durch Überbrückungen baulicher Hemmnisse trotz vermehrter Widerstände (gegenüber tiefverlegten Rückleitungen) keine größeren Rohrweiten erforderlich werden. Dies gilt ganz allgemein auch für Anlagen mit hochverlegten Rücklaufleitungen. Es sind dabei aber die nicht unerheblichen wirksamen Drücke der hochverlegten Rücklaufleitungen zu berücksichtigen. Die Schleifenführung nach Bild 41 hat ihren Sinn verloren, da bei sachgemäßer Anwendung der in diesem Buche entwickelten Berechnungsgrundsätze die bekannten unliebsamen Erscheinungen vermieden werden.

11. GEMISCHTE WARMWASSERHEIZUNGEN

In Eigenheimen und Villen werden öfter die Wirtschaftsräume in die Keller verlegt, die an die Heizung anzuschließen sind. Gewöhnlich werden die Heizkörper, um einen genügenden Höhenabstand vom Kessel zu erhalten, in der Nähe der Decke angebracht. Dies ist heizungstechnisch schon deshalb zu verwerfen, da die Räume in der Nähe des Fußbodens nur ungenügend erwärmt werden, ganz abgesehen von den sonstigen betrieblichen Störungen, die diesen Anlagen anhaften. Leider liegt gerade die Ausführung dieser Art Anlagen in ungeschulten Händen. Es ist daher kein Wunder, daß diese Heizungsanlagen in der Mehrzahl versagen und zu dauernden Klagen Anlaß geben. Es ist stets schwierig, tiefstehende Heizkörper einer Warmwasserheizung zum ordnungsgemäßen Mitlaufen zu bringen. Die erste technische Maßnahme, die zu befolgen ist, besteht darin, den tiefstehenden Heizkörpern eine völlig getrennte Rückleitung zum Kessel zu geben. Noch besser ist es, die Kellerheizung als Stockwerkheizung auszubilden, die den großen Vorzug zuläßt, die Heizkörper unter den Fenstern anzubringen. Ein großer Irrtum ist es, anzunehmen, daß diese gemischte Ausführung in den Anlagekosten teurer wird als die gemeinsame Heizung. Zwar werden die Rohrlängen der geringeren Rohrweiten etwas vermehrt; diesem steht aber die erhebliche Verbilligung des Hauptverteilungsnetzes gegenüber, dessen Bemessung nicht mehr von der geringen Höhe der Kellerheizkörper abhängig ist.

12. DIE PUMPENHEIZUNG[1]

A. ANWENDUNGSGEBIET, VOR- UND NACHTEILE

Die Pumpenheizung hat sich eigentlich erst mit der Entwicklung der Kreiselpumpe eingeführt. Sie kommt nur in Frage für ausgedehnte Gebäude und dort, wo es nicht möglich ist, die Kesselräume (z. B. wenn Grundwasser vorhanden) so tief anzulegen, um einen genügenden Höhenabstand zwischen Kessel und Erdgeschoßheizkörpern herzustellen. Entscheidend bleibt auch noch, ob die Stromlieferung für den Antriebsmotor der Pumpe genügend sichergestellt ist, was in kleineren Ortschaften nicht immer zutrifft. Zur Aushilfe werden daher oft Benzinmotore oder andere geeignete Antriebsvorrichtungen vorgesehen.

In den älteren Zeiten benutzte man Kolbenpumpen, die den Nachteil besaßen, bei Hemmung des Wasserkreislaufes, beispielsweise durch abgestellte Heizkörper, gefährlich hohe Druckstöße im Netz hervorzurufen, auch schlossen sie den Kreislauf des Wassers vollkommen ab. Die Kreiselpumpen steigern bei Hinderung des Wasserumlaufes den Druck nur unwesentlich und halten stets wenn auch nur einen geringen Durchgang frei.

Wenn man bedenkt, daß bei Schwerkraftheizungen mit unterer Verteilung nur etwa 35 mm WS, hingegen bei Pumpenheizung 1000 bis 2000 mm WS und mehr zur Verfügung stehen, so ist zu verstehen, daß bei dieser die Rohrweiten sehr gering werden. Dadurch wird die Einfügung der Leitungen in den Bau (wichtig bei Altbauten) wesentlich erleichtert. Man ist wegen der hohen Wassergeschwindigkeit auch nicht mehr darauf angewiesen, zwecks Vermeidung von Luftsäcken das Rohrgefälle genau einzuhalten; daher können bauliche Hindernisse leichter umgangen werden. Hinzu kommt noch, daß sich die Wärmeverluste infolge Verringerung der Rohroberflächen erheblich vermindern.

Die volle Umtriebskraft steht bei den geringsten Wassertemperaturen zur Verfügung, so daß man von den natürlichen Umtriebskräften unabhängig ist. Daraus leiten sich zwei wichtige Eigenschaften ab, nämlich: die Verkürzung der Anheizzeiten und die Verfeinerung der allgemeinen Regelung. Daraus ist die erhöhte Wirtschaftlichkeit der Pumpenheizung zu folgern. Praktisch hat sich dieses meist nicht bestätigt. Der Grund ist darin zu suchen, daß die größte Mehrzahl aller

---

[1] *H. Thiesenhusen:* Wie stehen wir heute zur Pumpenwarmwasserheizung? Gesundh.-Ing. Bd. 69 (1948), S. 345.

Pumpenheizungen ohne Rücksichtnahme auf wirtschaftliche Gesichtspunkte unsachgemäß angelegt worden sind. So ist der Glaube verbreitet, daß die oft hohen
Stromkosten eine Eigentümlichkeit der Pumpenheizung an und für sich ist und
daß die Kosten für Bedienung und Wartung höher liegen als bei der Schwerkraftheizung. Beides trifft nicht zu. Die hohen Stromkosten sind darauf zurückzuführen,
daß mit zu hohen Pumpendrücken gearbeitet wird, um ein billiges Rohrnetz zu
erstellen. Dabei wird nicht beachtet, daß die Verbilligung mit Zunahme des
Pumpendruckes so unerheblich ist, daß sich damit ein unwirtschaftlicher Heizungs-
betrieb nicht rechtfertigen läßt. Zu hohe Pumpendrücke haben noch den Nachteil,
daß der ordnungsgemäße Druckaufbrauch sehr erschwert wird, es ist oft überhaupt nicht möglich, die überschüssigen Drücke wegzubringen. Die Folgen sind:
ungleichmäßiges Warmwerden der Heizkörper, Abschwächen oder gar Aufheben
der allgemeinen Regelung und damit höchste Unwirtschaftlichkeit der Anlage.
Ferner vermehren sich die Entlüftungsschwierigkeiten.
Was nun die Bedienung und Wartung anbetrifft, so ist diese infolge Abkürzung
der Anheizzeiten auf alle Fälle geringer.

B. ANORDNUNG DER PUMPENHEIZUNG

Für die Pumpenheizung bleiben die bei Schwerkraftheizung besprochenen Rohr-
anordnungen bestehen. Nur bei der oberen Verteilung ergibt sich eine andere
Führung der Vorlaufleitung. Infolge der großen Wassergeschwindigkeiten wird
nämlich die etwa im System vorhandene Luft mitgerissen, die sich an den entferntesten Strängen ansammelt und zu Störungen Anlaß gibt, wenn sie dort nicht
beseitigt wird Man verlegt daher im Gegensatz zu Bild 1 die Vorlaufleitung mit
Steigung in Richtung der Wasserströmung und bringt an den Endsträngen Windkessel an (Bild 45), die von Zeit zu Zeit vermittelst eines Luftventilchens e entlüftet werden müssen. Jedoch ist auch selbsttätige Entlüftung möglich, wenn von
dem Windkessel eine senkrechte Lüftungsleitung um die Höhe des Pumpen-

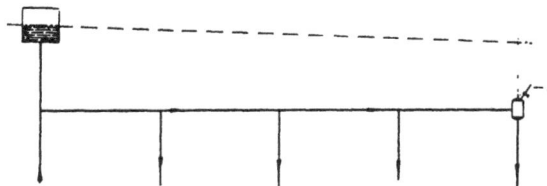

Bild 45. Entlüftung der Pumpenheizung

druckes über den Wasserspiegel des Ausdehnungsgefäßes offen hochgeführt wird
(s. Bild 45 gestrichelte Leitung). Auf die grundsätzlichen Forderungen, die bei
der Entlüftung zu beachten sind, kann erst nach Besprechung der Druckverteilung,
die eine wichtige Rolle spielt, näher eingegangen werden.
Störungen durch Luftansammlungen treten bei Pumpenheizungen öfter recht un-
berechenbar auf. Sie machen sich hauptsächlich bei den Endsträngen bemerkbar,

deren Heizkörper (meist die tiefsten) langsam zurückbleiben und schließlich gänzlich verklingen. Um die Ursache festzustellen, setzt man die Pumpe kurze Zeit still, alsdann gleichen sich die Wasserspiegel aus, und die fragliche Stelle entlüftet sich wieder. Nach Inbetriebsetzen der Pumpe läuft der Heizkörper anfänglich wieder mit, bis er schließlich wieder verklingt. Dies ist das Anzeichen dafür, daß Entlüftungsschwierigkeiten vorliegen.

C. BEMESSUNG DER ROHRLEITUNGEN

Bemessung auf Grund angenommener Geschwindigkeiten. — Die Rohrweiten dürfen nicht, wie es üblich ist, nach einem beliebig angenommenen Pumpendruck bestimmt werden; dieser richtet sich lediglich nach der Ausdehnung der Anlage. Am einfachsten kommt man zum Ziele, wenn die Leitungen auf Grund anzunehmender Geschwindigkeiten ermittelt werden. Man beginne am Kessel und lege den Kesselanschlüssen und den ersten Hauptverteilungsleitungen eine Geschwindigkeit von 1 m/s zugrunde. Bis zum letzten Strang gehe man allmählich auf eine Geschwindigkeit von 0,3 bis 0,4 m/s herunter. Für die Leitungen zu den Zwischensträngen wähle man die an den Abzweigen angenommenen Geschwindigkeiten. Steigstränge und Heizkörperanschlüsse bemesse man etwa mit einer Geschwindigkeit von 0,3 bis 0,4 m/s. Damit wäre die Vorbemessung der Anlage erledigt, die leicht mit Hilfe der Tafel 11 des Anhanges durchgeführt werden kann, die keiner besonderen Erklärung bedarf.

Legt man, wie üblich, der Berechnung der Wassermengen einen Temperaturunterschied von 20^0 der Heizkörper zugrunde, dann erhält man geringe Durchmesser der Heizkörperanschlüsse und ist dann oft gezwungen, hierfür auf $3/8''$ Querschnitte zurückzugreifen, um die überschüssigen Drücke überhaupt wegschaffen zu können. Es empfiehlt sich daher, bei Pumpenheizungen den Wasserumlauf zu vergrößern und mit Temperaturunterschieden von 10 bis 15^0 zu arbeiten.

Die Nachrechnung des ungünstigsten Stromkreises ergibt den zugrunde zu legenden Pumpendruck, dessen wirtschaftlich tragbare Größe nachzuprüfen ist. Als Anhalt möge dienen, daß die jährlichen Stromkosten 5 bis 10 % der jährlichen Brennstoffkosten nicht überschreiten sollen. Stellt sich heraus, daß diese Grenze nicht zu erreichen ist, dann ist die Anfangsgeschwindigkeit geringer anzunehmen und die Bestimmung des Pumpendruckes von neuem vorzunehmen. Ist auf diese Weise der wirtschaftliche Pumpendruck ermittelt, dann ist für die Ausführung die Stromkreisberechnung in genau derselben Weise, wie dies an Hand der früheren Beispiele gezeigt worden ist, durchzuführen. Der wirksame oder verfügbare Druck ist jetzt der Pumpendruck oder genauer gesagt der Pumpendruck zuzüglich dem natürlichen Heizkörperdruck h $(\gamma_2 - \gamma_1)$. Dieser wird im allgemeinen vernachlässigt; jedoch kann er für die höheren Heizkörper ziemlich ansehnliche Werte annehmen, die seine Berücksichtigung besonders bei geringen Pumpendrücken zweckmäßig erscheinen läßt. Es gilt auch hier der Satz, daß der verfügbare Druck (Pumpendruck + Heizkörperdruck) in jedem Heizkörperstromkreis aufgebraucht werden muß. Es empfiehlt sich, den verfügbaren Druck in dem

Hauptverteilungsnetz so aufzubrauchen, daß alle Stränge unter gleichen Druckbedingungen stehen. Man richte sich so ein, daß für jeden Strang etwa 250 bis
300 mm WS verfügbar bleiben, die zur Strangbemessung dienen.

Da die Nachrechnung der Stromkreise sich von den früher behandelten Beispielen
nicht unterscheidet, erübrigt sich die Durchführung eines Beispieles.

Weitere Vorschläge. — Als besonders zweckmäßig wird empfohlen, nur
die in den Verteilungsleitungen vom Kessel bis zu den Fußpunkten der Stränge
entstehenden Druckverluste durch den Pumpendruck zu decken, die Stränge und
Heizkörperanschlüsse jedoch nur auf Grund der natürlich wirksamen Drücke zu
bemessen. Die Rohrweiten dieser Leitungen bleiben so gering, daß es keinen
Sinn hat, hierzu noch einen Teil des Pumpendruckes in Anspruch zu nehmen.
Auch die Pumpendrücke können gering gehalten werden, so daß selbst ausgedehnte
Anlagen noch mit Wilopumpen (s. Abschn. 14, S. 81) betrieben werden können.
Diese Art der Bemessung wirkt sich betrieblich so aus, daß bei stillstehender
Pumpe (die Wilopumpe hält den Durchlaufquerschnitt frei), z. B. nachts, die
oberen Geschosse, vor allem das Dachgeschoß, noch gleichmäßig Wärme erhalten,
so daß die unteren Geschosse durch zu starke Auskühlung von oben her ge-
schützt sind.

Hinsichtlich der Druckverluste in den Kesselanschlüssen wird nochmals auf die
Abschnitte 7 D und F hingewiesen. Werden Kessel oder Kesselgruppen in der
Übergangszeit abgestellt, dann darf dies nicht mit einer zu großen Änderung des
Widerstandes im Rohrnetz verbunden sein, da sonst die Stromkreisberechnung
und die Einregelung der Anlage ihren Sinn verlieren würde. Eine Anzeige des
Druckunterschiedes zwischen Vor- und Rücklauf des Kessels am Heizerstand er-
scheint daher wünschenswert.

D. BEMESSUNG DER PUMPEN

Beträgt der Widerstand des ungünstigsten Stromkreises H m WS und die stündlich zu fördernde Wassermenge Q kg/h, dann ist die zu leistende Arbeit gleich
derjenigen, die dazu gebraucht wird, um Q kg H m hochzuheben, das sind
$Q \cdot H$ mkg in der Stunde oder $QH/3600$ mkg/s. Da 75 mkg/s gleich 1 PS zu setzen
sind, wird unter Berücksichtigung des Wirkungsgrades η_p der Pumpe die Leistung K_p

$$K_p = \frac{Q H}{270000 \, \eta_p} \text{ in PS.} \tag{32}$$

Dies ist die Leistung an der Pumpenwelle, die den Angaben der Preislisten zur
Auswahl des Elektromotors entsprechen, die also den Wirkungsgrad des Motors
berücksichtigen. Um aber die insgesamt aufzuwendende elektrische Energie K_{pe}
zu kennen, ist auch der Wirkungsgrad η_e des Motors in Rechnung zu stellen. Da
1 PS gleich 0,736 kW zu setzen ist, wird

$$K_{pe} = \frac{Q H}{367\,000 \cdot \eta_p \cdot \eta_e} \text{ [kW].} \tag{33}$$

Gewöhnlich werden aus Gründen der Betriebssicherheit zwei Pumpen gleicher Größe vorgesehen. Oft wird die Leistung auch in zwei kleinere Pumpen aufgelöst, die tagsüber gemeinsam arbeiten, während sie nachts abwechselnd benutzt werden. Dieser Weg ist nicht richtig. Die Kreiselpumpen haben nämlich die Eigenschaft, nur dann wirtschaftlich und ordnungsgemäß zu arbeiten, wenn sie den Widerstand finden, für den sie bestellt worden sind. Ist der Widerstand im Netze beispielsweise geringer als bei der Bestellung vorgesehen, dann wird der Motor überlastet, der schließlich durchbrennen kann. Bei Bestellung der Pumpen ist der tatsächlich für das Rohrnetz errechnete Widerstand anzugeben. Will man eine Sicherheit, so erhöhe man die Wassermenge.

Es ist üblich, die Pumpen abends zwecks Stromersparnis abzustellen. Dies ist für den wirtschaftlichen Heizbetrieb nachteilig, weil sich dann die im Heizwasser und im Kesselabrand noch vorhandene beträchtliche Wärmemenge nicht mehr gleichmäßig auf alle Heizkörper verteilt. Es bleibt ein beschränkter Schwerkraftbetrieb aufrechterhalten, der sich auf die dem Kesselhaus nächstliegenden Stränge und die höherstehenden Heizkörper erstreckt, während die entfernten Räume stark auskühlen. Dies führt dazu, daß beim Anheizen die näherliegenden Räume stark überheizt werden müssen, ehe die entfernteren ihre ausreichenden Temperaturen erhalten. Es ist daher besser, die Pumpen des Nachts durchlaufen zu lassen, oder man sperrt die Wärmezufuhr zum Heizsystem gänzlich ab und arbeitet mit den Kesseln auf Wärmespeicher, die am nächsten Morgen zur Deckung der erheblichen Anheizspitze herangezogen werden.

Für den Nachtbetrieb mit Pumpen genügt es, zwecks Stromersparnis etwa mit der halben Wassermenge zu arbeiten, zu welchem Zwecke eine besondere Nachtpumpe aufzustellen ist, die aber gegen einen anderen Widerstand im Netz arbeitet, was bei der Pumpenbestellung zu berücksichtigen ist.

Dieser berechnet sich wie folgt: Bei voller Förderung der Wärmeleistung W sei der Widerstand H m WS, dann kann man das Rohrnetz für die hier verfolgte Absicht als einen Einzelwiderstand auffassen, der der Gl. 17 genügt

$$1000\,H = 0{,}015\,\Sigma\,\zeta\,\frac{W^2}{d^4}\,.$$

Es ist nun festzustellen, wie sich der Widerstand H ändert, wenn nicht mehr die Wärmemenge W, sondern eine ganz beliebige W_x gefördert wird. Der sich dann im Rohrnetz einstellende gesuchte Widerstand sei H_x. Hierfür gilt aber ebenfalls die Gl. 17

$$1000\,H_x = 0{,}015\,\Sigma\,\zeta\cdot\frac{W_x^2}{d^4}\,.$$

Da das Rohrnetz in beiden Fällen dasselbe bleibt, ändert sich weder $\Sigma\,\zeta$ noch d. Aus der Verbindung dieser beiden Gleichungen errechnet sich H_x zu

$$H_x = \left(\frac{W_x}{W}\right)^2 H$$

oder, wenn die Wassermengen eingeführt werden,

$$H_x = \left(\frac{Q_x}{Q}\right)^2 H \tag{34}$$

Gewöhnlich drückt man die Wassermenge Q_x durch einen Bruchteil m der größten Wassermenge Q aus, so daß man schreiben kann:

$$Q_x = m \, Q, \tag{35}$$

damit wird Gl. 34

$$H_x = m^2 \, H. \tag{36}$$

Wählt man die halbe Wassermenge ($m = \frac{1}{2}$), dann fällt der Druck auf $\frac{1}{4}$. Hinsichtlich der Arbeitsleistung ergibt sich folgendes:

Nach Gl. 33 errechnet sich für die Tagespumpe die elektrische Leistung zu

$$K_{pe} = \frac{Q \, H}{367\,000 \, \eta_p \cdot \eta_e} \; [\text{kW}].$$

Für die Nachtpumpe mit der Wassermenge Q_x und dem Pumpendruck H_x wird

$$K_{pe\,x} = \frac{Q_x \, H_x}{367\,000 \, \eta_p \cdot \eta_e} \; [\text{kW}].$$

Teilt man die letzte Gleichung durch die vorletzte, dann wird

$$K_{pe\,x} = \frac{Q_x \, H_x \cdot K_{pe}}{Q \, H}.$$

Mit Rücksicht auf Gl. 35 und 36 wird

$$K_{pe\,x} = m^3 \, K_{pe}. \tag{37}$$

Für die halbe Wassermenge ($m = \frac{1}{2}$) fällt also die elektrische Leistung der Pumpe in der dritten Potenz, also auf $\frac{1}{8}$.

E. EINBAU DER PUMPEN

Die Pumpen können sowohl im Vor- wie im Rücklauf eingebaut werden. Da die statischen Drücke im System sehr hoch, die Pumpendrücke mit wenigen Metern WS aber niedrig sind, ist nicht zu befürchten, in Unterdruckgebiete zu gelangen, die zur Dampfbildung Anlaß geben könnten.

Gewöhnlich werden die Pumpen mit den unmittelbar gekuppelten Elektromotoren auf einem gemeinsamen Betonsockel aufgestellt. Dabei erfordert aber die Verhinderung der Geräuschübertragung besondere Rücksichtnahmen. Der Betonsockel ist von jedem Mauerwerk getrennt zu gründen. Ferner sind Kork- oder Korfundplatten einzulegen, die die Fortpflanzung der Geräusche durch den Sockel verhindern. Bei guten Pumpenerzeugnissen ist die Geräuschbildung nicht nennenswert, hingegen geben die Elektromotoren sehr oft Anlaß zu störenden Geräuschen. Es ist daher angebracht, die Elektromotoren auf einen getrennten Sockel zu stellen. Da diese nur durch eine Lederkupplung mit der Pumpe verbunden sind, kann die Geräuschübertragung wirksam verhindert werden. Wenn es gelingt, die Motorengeräusche genügend herabzumindern, können die Rohrleitungen unmittelbar mit der Pumpe verbunden werden. Die Zwischenschaltung von Metallschläuchen hat nur einen zweifelhaften Wert. Hingegen haben sich starkwandige Gummischläuche gut bewährt.

F. DRUCKVERTEILUNG IM ROHRNETZ

Die ungenügende Kenntnis der sich im Rohrnetz einstellenden Druckverhältnisse hat lange Zeit der Entwicklung der Pumpenheizung im Wege gestanden. In der Beherrschung dieser Druckverhältnisse ist eigentlich das ganze Geheimnis der Pumpenheizung zu suchen, um ihre Arbeitsweise sicherzustellen. Die Störungen, die auftreten können, sind in Entlüftungsschwierigkeiten zu suchen, die bei un- günstiger Druckverteilung oft überhaupt nicht zu beseitigen sind, ohne diese zu ändern. Es ist daher bei jeder Pumpenheizung Bedingung, die Druckverhältnisse daraufhin zu prüfen, ob eine sachgemäße Entlüftung möglich ist.

In Bild 46 ist das Rohrnetz einer Heizungsanlage angedeutet. Es ist die Frage zu stellen, wie sich der Wasserspie- gel des Ausdehnungsgefäßes ver- hält, wenn die Pumpe in Betrieb genommen wird. Hierzu ist zu sagen, daß die Pumpe genau die gleiche Wassermenge aus dem Rohrnetz ansaugt, wie sie wieder hineinspeist. An den Raumver- hältnissen wird nichts geändert. Der Wasserspiegel im Ausdeh- nungsgefäß bleibt also stets der gleiche, gleichviel, ob die Pumpe im Betriebe ist oder stillsteht. Damit können wir aber eine be- stimmte Aussage über den an der Anschlußstelle a (s. Bild 46) des Ausdehnungsgefäßes herrschen-

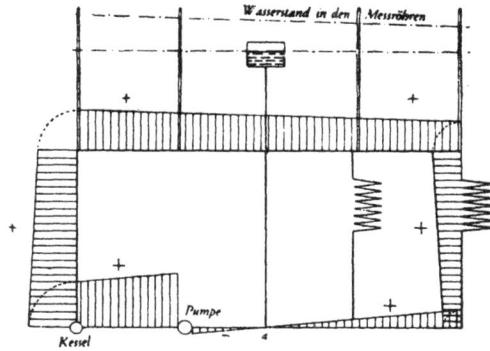

Bild 46. Druckverteilung im Rohrnetz einer Pum- penheizung. Pumpe zwischen Kessel und Anschluß des Ausdehnungsgefäßes angeschlossen

den Druck machen. Er ist unabhängig von den Betriebszuständen der Pumpe; er ist stets gleich dem statischen Druck des Ausdehnungsgefäßes. Dieser Punkt bildet also gleichsam die neutrale Zone des Systems, von dem aus der Druckabfall zu verfolgen ist. Man kann also von der gezeichneten Anordnung aussagen, daß die Pumpe von dem Anschluß der Ausdehnungsleitung a ab bis zum Saugstutzen der Pumpe saugt, von dem Druckstutzen durch das ganze Rohrsystem hindurch aber drückt. Trägt man die Druckverluste in Bild 46 ein, dann ergibt sich folgendes Bild: Vom Punkte a, dem Anschluß des Ausdehnungsgefäßes an, nimmt der Minderdruck von dem Werte 0 bis zum Saugstutzen der Pumpe zu und erreicht hier seinen größten Wert, der gleich dem auf dieser Rohrstrecke erfolgenden Druckverlust ist. Am Druckstutzen der Pumpe besitzt der verfügbare Druck einen Wert, der gleich dem gesamten Druckabfall über das Rohrnetz hinweg bis zum Punkte a ist. Bis hierher steht also die ganze Rohrleitung unter Überdruck. Die Druckabnahme ist längs der Rohrleitung eingezeichnet. Um zu beurteilen, wie sich dieser Überdruck auswirkt, denke man sich, wie in Bild 46 angedeutet, in der oberen Verteilungsleitung vier Druckmeßröhren aus Glas eingebaut und

beobachte in diesen die Einstellung der Wasserspiegel. Es wird, kurz gesagt, der
Druck gemessen, der stets gleich ist dem statischen zuzüglich dem noch nicht aufgebrauchten Pumpendruck, der an der betreffenden Meßstelle herrscht. Das Wasser
muß also in den Druckmeßröhren um die betreffenden Überdrücke über den
Wasserspiegel des Ausdehnungsgefäßes höher steigen, wie das die Zeichnung
angibt. Fassen wir im besonderen den Endstrang ins Auge, so würde das dort
angegebene Druckmeßrohr dem Entlüftungsrohr des Bildes 45 entsprechen. Dieses
muß also stets um den an dem Endstrang herrschenden Überdruck über dem
Wasserspiegel des Ausdehnungsgefäßes höher geführt werden, um fortwährendes
Überfließen zu vermeiden. Diese Verhältnisse sind besonders bei den noch später
zu besprechenden Sicherheitslei-
tungen sorgfältig nachzuprüfen.
Von besonderer praktischer
Wichtigkeit ist der Fall, wenn
das Ausdehnungsgefäß auf der
Druckseite der Pumpe angeschlossen wird. Die sich dann
ergebende Druckverteilung zeigt
Bild 47. Die Verhältnisse werden vollständig umgekehrt. Jetzt
steht nur die kurze Strecke vom
Druckstutzen der Pumpe bis zum
Anschlußpunkte a des Ausdehnungsgefäßes unter Überdruck.
Über das ganze Rohrnetz hinweg zurück bis zum Punkte a
steht das Rohrnetz unter Min-

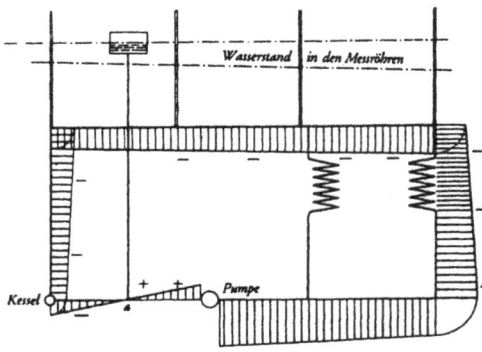

Bild 47. Druckverteilung im Rohrnetz einer Pumpenheizung. Anordnung des Anschlusses des Ausdehnungsgefäßes zwischen Kessel und Pumpe

derdruck. In den Druckmeßröhren senkt sich der Wasserspiegel um den Minderdruck unter den Wasserspiegel des Ausdehnungsgefäßes. Daraus ergeben sich
praktisch große Entlüftungsschwierigkeiten; denn sehr oft ist es nicht möglich,
das Ausdehnungsgefäß genügend hoch aufzustellen, dann besteht die Gefahr, daß
die Senkung der Wasserspiegel der Druckmeßröhren bis oder gar unterhalb der
oberen Verteilungsleitung erfolgt. Es würden hier Luftansammlungen entstehen,
die den Wasserkreislauf völlig unterbrechen. Wollte man unter diesen Umständen
versuchen, den Windkessel des Endstranges in Bild 45 zu entlüften, dann würde
man die Lage nur verschlimmern, denn es würde Luft eingesaugt werden. Eine
Entlüftung ist dann nur noch nach Stillsetzen der Pumpen möglich. Die Entlüftung
hält aber nur kurze Zeit an, denn nach Inbetriebnahme der Pumpen sammelt,
sie sich bald wieder an. Diese Entlüftungsschwierigkeiten können nur durch
Vermeiden einer derartigen Duckverteilung verhindert werden. Man setzt daher
mit Vorliebe das Rohrnetz unter Überdruck, indem man das Ausdehnungsgefäß nach Maßgabe des Bildes 46 anschließt. Damit ergeben sich aber neue
Schwierigkeiten, die den später zu behandelnden Sicherheitseinrichtungen im
Wege stehen.
Die Stelle, an der das Ausdehnungsgefäß anzuschließen ist, bedarf also stets

genauester Prüfung und Überlegung. Nicht immer ist man in der Lage, die Anschlußstelle frei zu wählen. Dies hängt vor allem von dem höchsten verfügbaren Raum ab, in dem das Ausdehnungsgefäß aufgestellt werden kann. Oft liegt dieser zum Kesselhause sehr ungünstig. Man hat dann die Wahl, die Ausdehnungsleitung zum Kesselhause zurückzuführen, wodurch sich aber in der Regel ungewöhnlich hohe Kosten ergeben, oder man schließt sie an eine in der Nähe liegende Grundleitung (meist Rücklauf) an. Hier ist die Nachprüfung der Druckverteilung nach den für die Bilder 46 und 47 gegebenen Grundsätzen besonders wichtig. Gewöhnlich ergeben sich auch Schwierigkeiten hinsichtlich Anwendung der Sicherheitsvorschriften, die ebenso sorgfältig nachzuprüfen ist.

Bei Anlagen mit unterer Verteilung stellen sich dieselben Entlüftungsschwierigkeiten heraus; an Stelle der oberen Verteilungsleitungen treten die Luftsammelleitungen, in denen sich alsdann die geschilderten Druckverhältnisse abspielen.

Bei nicht zu hohen Pumpendrücken kommt man im allgemeinen mit den bei der Schwerkraftheizung angegebenen Entlüftungsmitteln aus, besonders dann, wenn man den Druck im Verteilungsnetz so weit aufbraucht, daß für alle Stränge etwa ein Druck von 250 bis 350 mm übrigbleibt. Drosselstrecken oder Drossel-T-Stücke baue man nicht wie üblich in den Rücklauf, sondern in den Vorlauf ein. Überschüssige Drücke müssen frühzeitig vernichtet werden, damit sie nicht erst über die Heizkörper geleitet zu werden brauchen. Die Zweckmäßigkeit dieser Maßnahmen wird man leicht an einem Druckverteilungsschaubild nachprüfen können.

Bei unterer Verteilung sind Entlüftungsleitungen nach Maßgabe der Bilder 5 und 6 erforderlich. Hier ist noch die geschlossene Entlüftung zu erwähnen, die darin besteht, daß man die gemeinsame Luftsammelleitung (*m, q* s. Bild 5 und 6) nicht in den Ausdehnungsstrang oder in das Ausdehnungsgefäß, sondern in ein geschlossenes Luftsammelgefäß (Windkessel) einleitet, von dem eine etwa ½″-Luftleitung zum Kesselhaus führt, die dort durch ein Ventil abgesperrt wird. Die Entlüftung geschieht alsdann durch zeitweises Öffnen des Ventiles bei stillgesetzten Pumpen.

13. DIE SICHERHEITSEINRICHTUNGEN

Sicherheitsleitungen. — Die Warmwasserheizungen stehen durch das Ausdehnungsgefäß mit der gewöhnlichen Atmosphäre in offener Verbindung. Das Ausdehnungsgefäß wird durch eine Sicherheitsvor- und eine Sicherheitsrücklaufleitung mit dem Heizungssystem verbunden. Als Sicherheitsvorlaufleitung kann z. B. bei unterer Verteilung (Bild 5) der Vorlauf des ersten Stranges, bei oberer Verteilung (Bild 1) der Steigstrang *S* benutzt werden. Man läßt sie oberhalb des Wasserspiegels des Ausdehnungsgefäßes einmünden, um das beim möglichen Überkochen herausgeworfene Wasser abzufangen, das durch eine an tiefster Stelle des Ausdehnungsgefäßes angeschlossene Sicherheitsrücklaufleitung, wozu ein Rücklauf- oder auch ein Vorlaufstrang benutzt werden kann, in das Rohrsystem zurückfließt. Der Sicherheitsweg muß mit Steigung zum Ausdehnungsgefäß verlaufen. Absperrungen dürfen darin nicht angebracht werden, und an keiner Stelle dürfen die in DIN 4751 (s. Tafel 12 im Anhang) angegebenen Rohrweiten unterschritten werden.

Bei Stockwerkheizungen genügt es, einen Heizkörper ohne Absperrung zu lassen, wobei ein Anschlußquerschnitt von 1″ einzuhalten ist. Bei kleinen Heizkörpern ist jedoch davon abzuraten, da diese durchschlagen können und gegebenenfalls Störungen des Kreislaufes hervorrufen.

Schwieriger liegen die Verhältnisse, wenn der Sicherheitsweg durch irgendwelche Absperrungen (z. B. Kesselschieber) unterbrochen wird. Die bereits behandelten Sicherheitsmaßnahmen bedürfen daher für diesen Fall noch einer besonderen Er-

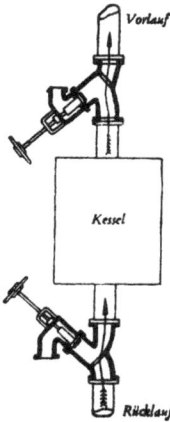

Bild 48. Wechselventile im Vor- und Rücklauf auf Durchgang geschaltet	Bild 49. Wechselventil im Vorlauf auf Ausblas umgestellt, im Rücklauf frei auf Durchgang	Bild 50. Wechselventile mit Umführung

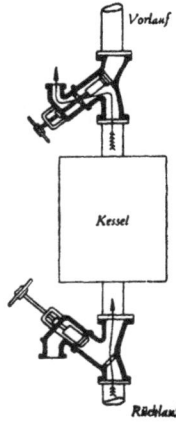

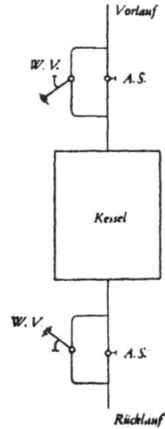

gänzung. Jede eingebaute Absperrung bietet die Möglichkeit von Fehlschaltungen. Erhält z. B. ein Kessel im Vor- und Rücklauf Absperrungen, dann können sich folgende Fehlschaltungen ereignen:

1. Vor- und Rücklaufschieber geschlossen. — Der Kessel wird kurz nach dem Anheizen zersprengt.

2. Vorlauf offen, Rücklauf geschlossen. — Der geringe Wasserinhalt des Kessels wird in Kürze bis zur Dampfbildung hochgeheizt. Der Dampf steigt in dem Vorlauf hoch und verursacht erhebliche Geräusche, so daß beim rechtzeitigen Einschreiten der Kessel noch gerettet werden kann.

3. Vorlauf geschlossen, Rücklauf geöffnet. — Dieser Fall ist besonders gefährlich, weil er völlig geräuschlos vor sich geht. Mit der einsetzenden Dampfbildung wird das Wasser langsam und geräuschlos zum Rücklauf herausgedrängt. Die wasserfreien Heizflächen glühen aus, es bilden sich Risse, große Wassermassen ergießen sich plötzlich in den hochglühenden Brennstoff, und es kommt zum

Feuerungszerknall, der gewöhnlich mit großer zerstörender Wirkung vor sich geht.

Treten bedrohliche Geräusche in einer Heizungsanlage auf, so darf das Feuer nicht durch Wasser gelöscht werden. Der einzige Weg besteht darin, die Luftzufuhr unter dem Rost zu sperren, durch Öffnen der Füll- und Reinigungstüren soviel Falschluft wie möglich einzulassen und anschließend daran das Feuer herauszureißen.

Bei absperrbaren Kesseln müssen die Sicherheitsleitungen an den Kesselvor- und -rücklaufanschlüssen abgenommen werden. Als Sicherheitsvorrichtung kann man auch an Stelle der Kesselabsperrungen Wechselventile einbauen.

Wechselventile. — Die Arbeitsweise der Wechselventile besteht darin, daß sie beim Absperren eines Kessels gleichzeitig und zwangsläufig eine Verbindung mit der freien Atmosphäre herstellen. Der Ventilkörper (Bild 48 und 49) besitzt auf beiden Seiten Dichtflächen. Die eine Dichtfläche dichtet gegen die freie Atmosphäre (den Ausblas, Bild 48), die andere gegen das Heizsystem ab (Bild 49, Vorlauf). Bei der Schaltung nach Bild 48 sind im Vorlauf wie im Rücklauf die Durchgänge der Kesselanschlüsse frei und die Ausblasquerschnitte geschlossen. Diese Stellung entspricht dem gewöhnlichen Betriebszustand der Heizung. Von den Ausblasestutzen der Wechselventile führen die Ausblaseleitungen zu einem Ausguß (Bild 51), um die beim Umschalten entstehenden Wasserverluste abzuleiten. Bild 49 zeigt die Schaltung, bei der zunächst der Vorlauf auf Abzweig (Ausblas) umgestellt worden ist. Da durch den Rücklauf hindurch noch die Verbindung mit dem Wasserraum der Anlage besteht, fließt so lange Wasser aus, bis auch hier die Umschaltung vollzogen ist. Um zu große Wasserverluste zu vermeiden, muß die Umschaltung im Vor- und Rücklauf gleichzeitig vorgenommen werden. Trotzdem sind die Wasserverluste noch so erheblich, daß Überschwemmung des Kesselraumes zu befürchten ist. Ein gewöhnlicher Ausguß reicht nicht aus, die Wassermengen aufzunehmen. Es ist deshalb notwendig, größere Auffangbehälter oder Zisternen anzulegen.

Die Wechselventile der Bilder 48 und 49 weisen insofern Verbesserungen auf, als sie auf der einen Dichtungsseite der Ventilkörper zylindrische Kolben besitzen, die sich beim Umschalten in die Ausblasquerschnitte hineinschieben und diese frühzeitig absperren bzw. verspätet freigeben. Für das Öffnen und Schließen der Ausblasquerschnitte sind nur wenige Spindelumdrehungen nötig.

Die völlige Abschaltung eines Kessels hat aber nur dann einen Sinn, wenn Kesselausbesserungen erforderlich werden. Für diesen selten vorkommenden Fall könnte man die umständliche Bedienung hinnehmen. Im Betriebe kommt es aber darauf an, ungeheizte Kessel aus dem Kreislauf des Wassers herauszunehmen, wozu eine Unterbrechung entweder im Vor- oder im Rücklauf genügt. Eine solche Schaltung ist aber mit Wechselventilen im Vor- und Rücklauf nicht möglich. Ferner kommt noch hinzu, daß die Wechselventile oft schon nach kurzer Betriebszeit nicht mehr dicht schließen. Diese Bedienungsschwierigkeiten bringen es mit sich, daß ungeheizte Kessel nicht mehr abgeschaltet werden. Dies ist aber besonders bei der Pumpenheizung nachteilig, da das Rücklaufwasser im Kurzschluß durch die ungeheizten Kessel strömt und sich mit dem Vorlaufwasser der geheizten Kessel mischt. Man pflegt deshalb an der Mischstelle ein Thermometer anzubringen, um die Heiztemperaturen einstellen zu können.

Der unmittelbare Einbau der Wechselventile in die Kesselanschlüsse gemäß Bild 48 und 49 ist die gegebene Ausführung für Pumpenheizung. Bei der Schwerkraftheizung sind aber die Kesselanschlüsse so groß, daß man in diesen von dem unmittelbaren Einbau der Wechselventile absieht und diese in einem Nebenschluß unterbringt (Bild 50). Es wird der Hauptanschluß wie gewöhnlich mit einem Absperrschieber (AS) versehen, der durch eine Umgehungsleitung umgangen wird, in der sich das Wechselventil WV befindet. Bei mehreren absperrbaren Kesseln können die Ausblasleitungen gemeinsam zu einem Auffangbehälter ge-

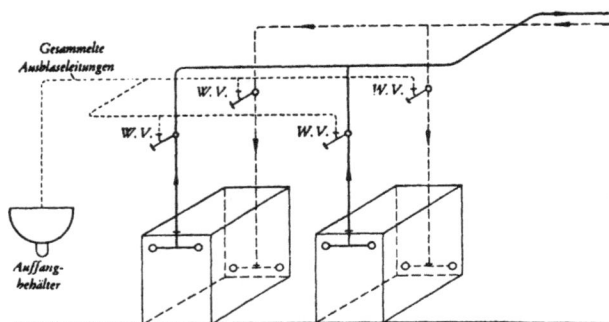

Bild 51. Wechselventile und Ausblaseleitungen bei mehreren Kesseln. Für die Ausblase-
sammelleitung ist lediglich die Heizfläche des größten Kessels maßgebend

führt werden. Auch ist die Vereinigung der Rücklaufausblaseleitung mit derjenigen des Vorlaufes statthaft (Bild 51). Die Wechselventile, Umgehungs- und Ausblaseleitungen sind nach DIN 4751 zu bemessen.
Für die vereinigten Ausblaseleitungen gilt die Heizfläche eines der größten Kessel, da nicht anzunehmen ist, daß mehrere Kessel gleichzeitig abgesperrt werden. Die Ausblaseleitungen der Rücklaufwechselventile sind mindestens 500 mm über den Kesseln hochzuführen, damit diese nach erfolgter Absperrung nicht leerlaufen können.
Eine bessere Lösung bildet die Anwendung eines Wechselventiles im Rücklauf und einer Sicherheitsleitung im Vorlauf (Bild 52). Mit dem im Vorlauf eingebauten Schieber kann die Absperrung eines Kessels im Betriebe vorgenommen werden, ohne daß die früher beschriebenen Schwierigkeiten eintreten. Zwischen Kessel und Schieber zweigt die Sicherheitsvorlaufleitung ab, die über dem Wasserspiegel des Ausdehnungsgefäßes einmündet. Als Sicherheitsrücklaufleitung benutzt man den nächsten zum Kessel bzw. Ausdehnungsgefäß liegenden Rücklaufstrang, dessen Verlängerung unten in das Ausdehnungsgefäß einführt. Wenn bei dieser Einrichtung unachtsamerweise bei geschlossenem Vorlaufschieber hoch-

geheizt wird, kann Wassermangel niemals eintreten, da das durch die Sicherheitsleitung herausgeworfene Dampfwassergemisch dauernd durch den Rücklauf aus
dem Wasserinhalt der Anlage ersetzt wird.

Man kann auch in Bild 52 auf das Wechselventil im Rücklauf verzichten und statt
dessen einen Absperrschieber einbauen. In diesem Fall ist die Sicherheitsrücklaufleitung (Bild 53) zwischen Kessel und Rücklaufschieber abzuzweigen und
zum Ausdehnungsgefäß hochzuführen. Bei mehreren absperrbaren Kesseln ist es

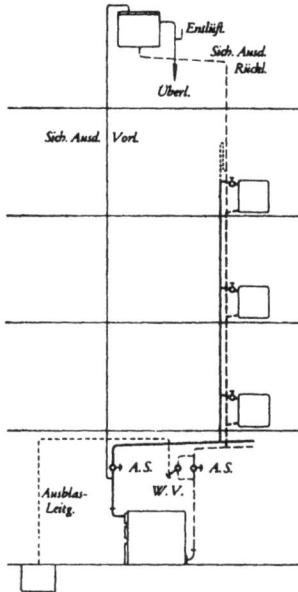

Bild 52. Sicherheitsvorlaufleitung mit Wechselventil
im Rücklauf

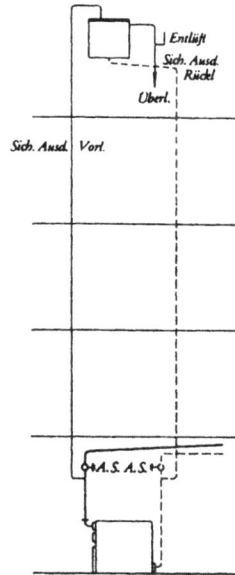

Bild 53. Kessel im
Vor- und Rücklauf absperrbar mit Sicherheitsvorlauf-
und Sicherheitsrücklauf-
leitung

dann zweckmäßig, jedem Kessel ein getrenntes Ausdehnungsgefäß zu geben, da
sonst bei erforderlich werdender Entleerung eines Kessels stets das gemeinsame
Ausdehnungsgefäß mit entleert werden müßte. Um nicht zu viele Leitungen zu
erhalten, faßt man oft die Kessel zu einzelnen Kesselgruppen zusammen. Diese
werden hinsichtlich Anordnung und Bemessung genau so behandelt wie Einzel-
kessel. Die letztbeschriebene Sicherung ist völlig unabhängig von der Heizungsanlage und deshalb besonders für Pumpenheizungen angebracht, bei denen noch
besondere Schwierigkeiten vorliegen.

Sicherung bei Pumpenheizung. — Aus Gründen der sicheren Entlüftung wurde im Hinblick auf die Druckverteilung die Ausführung nach Bild 46
vorgeschlagen. Die Pumpe befindet sich dort zwischen Anschluß des Ausdehnungs-

gefäßes und dem Kessel. Es besteht also infolge der Absperrungen der Pumpe die Möglichkeit, von dieser Seite aus das Ausdehnungsgefäß abzuschalten und den Sicherheitsweg gänzlich zu unterbrechen. Diese Schwierigkeit kann dadurch behoben werden, indem man die Zuleitung und Rückleitung der Pumpe miteinander verbindet (Bild 54) und in das Verbindungsstück eine Rückschlagklappe *RK* (besser Ventil mit Gummikugel oder mit ausgeglichenem Schwimmerventil) einbaut. Bei abgesperrter oder stillstehender Pumpe gibt die Rückschlagklappe den vollen Durchgang frei. Beim Betriebe der Pumpe schließt die Klappe selbsttätig ab.

Wendet man die Sicherung nach Bild 52 in Verbindung mit der Schaltung der Pumpe gemäß Bild 46 an, dann ist zu beachten, daß der Kessel unter Überdruck steht, der sich auf die Sicherheitsvorlaufleitung überträgt, in der der Wasserspiegel um diesen Überdruck über den Wasserspiegel des Ausdehnungsgefäßes hochsteigt. Um diesen Betrag muß die Sicherheitsleitung überhöht werden, damit nicht fortgesetzt Wasser zum Ausdehnungsgefäß überfließt. Da man grundsätzlich bestrebt ist, das Ausdehnunsgefäß so hoch wie möglich aufzustellen, ist oft nicht genügend Platz für die Höherführung der Sicherheitsleitung vorhanden. In diesem Falle setzt man mit Erfolg die Pumpe in den Vorlauf. Kessel und Sicherheitsleitung fallen dann in ein Minderdruckgebiet, was an Hand eines Druckverteilungsschaubildes leicht einzusehen ist. Für die Anordnung nach Bild 53 gilt sinngemäß dasselbe.

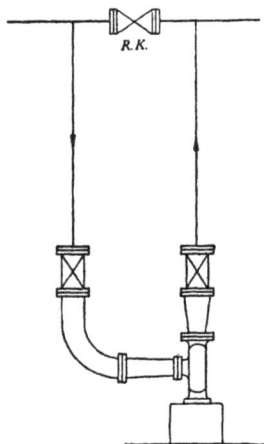

Bild 54. Sicherung bei Pumpenheizung durch Umgehung der Pumpenabsperrungen und Einbau einer Rückschlagklappe *RK* in die Kurzschlußstrecke

Bei den vielseitigen Ausführungsmöglichkeiten einer Pumpenheizung ist es von allergrößter Bedeutung, die Druckverteilung hinsichtlich des Verhaltens der Sicherheits- und Entlüftungsleitungen nachzuprüfen.

14. WARMWASSERHEIZUNG MIT BESCHLEUNIGTEM UMLAUF

Die Wilopumpe. — Unter Warmwasserheizungen mit beschleunigtem Umlauf versteht man Anlagen, die im allgemeinen als Schwerkraftheizung arbeiten, denen man jedoch einen geringen zusätzlichen Druck gibt, um einen schnelleren Wasserumlauf zu erzielen. Sie dienen dazu, alte, schlecht laufende Anlagen zu verbessern. Bei Neuanlagen sind sie dort angebracht, wo die reine Pumpenheizung als wirtschaftlich nicht mehr ausführbar erscheint.

Diese Art der Heizung ist aber abhängig von einer geeigneten Kleinpumpe, die neben einem geringen Stromverbrauch einen sehr geringen Durchflußwiderstand bei Stillstand besitzen muß, der den Kreislauf des Wassers nicht hemmt, wenn Schwerkraftbetrieb eingeführt wird. Ein Erzeugnis, das in dieser Beziehung allen

Ansprüchen gerecht wird, ist in der Wilopumpe auf den Markt gekommen. Diese besteht aus einem Flügelrad (Bild 55), dessen Welle in Wasser läuft und daher keiner Schmierung bedarf. Sie wird an Stelle eines Krümmers in die Hauptverteilungsleitung eingebaut. Ist eine derartige Anordnung (oft bei alten Anlagen) nicht gut durchführbar, kann ihr Einbau auch in einer geraden Rohrstrecke (Bild 56) erfolgen. Die Welle der Pumpe ist unmittelbar mit einem Kleinmotor gekuppelt, wobei auf die Verhinderung der Übertragung von Motorgeräuschen Rücksicht genommen ist. Die Pumpe selbst arbeitet geräuschlos. Bei dem geringen Widerstande von $\zeta = 4$ bis 6, bezogen auf den Anschlußdurchmesser der Pumpe, sperrt sie beim Stillstande den Kreislauf nicht ab, so daß die Anlage ungehindert als Schwerkraftheizung weiterläuft. Daher sind auch hinsichtlich der Sicherheits-

Bild 55. Schnitt durch eine Wilopumpe mit angeschlossenem Motor (Krümmeranordnung)

Bild 56. Anordnung einer Wilopumpe in gerader Rohrstrecke

bedingungen keine besonderen, ergänzenden Vorkehrungen zu treffen. Die Pumpe ist unbegrenzt haltbar und bedarf, da deshalb Aushilfspumpen nicht nötig sind, keiner Absperrungen. Höchstenfalls ist ein Aushilfsmotor vorzusehen. Die Pumpe ist hier, wie der Krümmer, Rohrleitungsbestandteil. Die bei Anwendung von Schleuderpumpen erforderlichen Sockel, Schieber, Sicherheitsvorkehrungen und die damit verbundenen umständlichen Rohrführungen erübrigen sich. Der Stromverbrauch ist ungewöhnlich gering. Es ist bei Anlagen bis 500 000 kcal/h mit 250 Watt auszukommen, einem Stromverbrauch, der etwa dem eines kleinen elektrischen Bügeleisens entspricht.

Ein besonderer Vorzug der Wilopumpe besteht darin, daß sie sich selbsttätig auf den Widerstand des Rohrnetzes einstellt. Findet sie beispielsweise den angenommenen Widerstand im Rohrnetz nicht, dann stellt sie sich ohne weiteres auf eine größere Wassermenge ein, ohne daß eine Überlastung des Motors zu befürchten ist. Daher kann die Bemessung der Pumpe sehr grob erfolgen; dies ist von besonderer Bedeutung, da bei einer vereinigten Schwerkraft und Pumpenheizung,

vor allem bei Verbesserung alter Anlagen, wegen der unbekannten Rohrdurchmesser schwer zu übersehen ist, wie sich der Widerstand im Rohrnetz gestaltet.
Diese Eigenschaft der Wilopumpe ist auf ihren geringen inneren Widerstand
zurückzuführen. Es ist grundsätzlich wichtig, sich über den ζ-Wert der Beschleuni-
gungspumpen zu unterrichten. Zu große Widerstände heben den ganzen Sinn der
Anlagen mit beschleunigtem Umlauf vollkommen auf. Was derartige Widerstände
im Hauptverteilungsnetz bedeuten, dürften die früheren Beispielsrechnungen zur
Genüge dargetan haben. Pumpen mit großen Widerständen schränken die Sicherheit ein; die Anlagen laufen nicht mehr ordnungsgemäß bei Schwerkraftbetrieb.
Wenn nachts wie üblich die Pumpe abgestellt wird, muß die gleichmäßige Wärme-
verteilung gesichert bleiben.

Zur Bemessung dieser Anlagen hat sich in der Praxis ein Verfahren heraus-
gebildet[1]), das, wenn es auch wissenschaftlich nicht ganz stichhaltig ist, doch zu
brauchbaren Ergebnissen führt. Die Rohrbemessung geschieht wie gewöhnlich
als Schwerkraftheizung für einen Temperaturunterschied von 90° auf 70°; jedoch
werden den Heizkörpern nur die halben Wärmemengen bzw. Wassermengen
gegenüber denjenigen bei strengster Kälte zugrunde gelegt. Pumpendruck und
Wasserleistung ist nun so zu bemessen, daß die Heizkörper auch bei strengster
Kälte die ihnen zukommenden Wasser- bzw. Wärmemengen erhalten. Dabei ist
zu beachten, daß bei der Schwerkraftbemessung die Stromkreise der tieferstehenden Heizkörper die geringsten Widerstände haben. Kommt also ein zusätzlicher
Pumpendruck hinzu, dann erhalten die tieferstehenden Heizkörper mehr Wasser
als die höherstehenden. Die Pumpenleistung muß also so bemessen werden, daß
unter Berücksichtigung des Durchlaufens der unteren Heizkörper die höchst-
stehenden Heizkörper bei strengster Kälte mindestens die doppelten Wassermengen erhalten gegenüber den Wassermengen, die der Berechnung des Rohrnetzes zugrunde gelegt worden sind. Die hierbei in Betracht kommenden Verhältnisse können an Hand der Tafel 13 im Anhang beurteilt werden. Diese gibt an,
um wieviel sich je nach der Höhenlage der Heizkörper die Wasserleistung erhöht.

Zahlentafel 12. Berechnung der Wasserleistung beim Betrieb
mit beschleunigtem Umlauf.

Geschoß	Wärmemenge bei strengster Kälte	Mittlerer Heizkörper- abstand vom Kessel h	Halbe Wassermenge	Mehrfach- zahl nach Tafel 13	Wasserleistung der Pumpe bei strengster Kälte
	kcal/h	m	l/h	m	l/h
1	2	3	4	5	6
Erdgeschoß	40000	2,0	1000	5,30	5300
I. Stock.........	30000	5,0	750	3,36	2500
II. Stock...	36000	8,0	900	2,66	2400
Dachgeschoß	44000	11,0	1100	2,26	2500
	150000				Summe 12700 l/h

[1]) *M. Wierz*: Die Verbesserung der Schwerkraftheizungen durch beschleunigten Umlauf unter
besonderer Berücksichtigung der Schraubenpumpe. Gesundh.-Ing. Bd. 57 (1934), S. 400.

Beispiel: In den senkrechten Spalten 2 und 3 der vorstehenden Zahlentafel 12 sind für die einzelnen Geschosse eines Gebäudes die Wärmemengen bei strengster Kälte sowie die mittleren Höhenabstände *h* der Heizkörper angegeben. Das Rohrnetz sei für die halbe Wassermenge (90" auf 70") bemessen worden. Es ist die Wasserleistung und der Druck der Pumpe zu bestimmen.

Die Spalte 4 enthält die halben Wassermengen, für die das Rohrnetz berechnet worden ist. Hinsichtlich der Wasserbelieferung sind die höchsten Heizkörper mit *h* = 11 m am ungünstigsten gestellt. Der Pumpendruck muß nun so hoch gewählt werden, daß diese Heizkörper bei strengster Kälte die ihnen zukommende, also mindestens die zweifache Wassermenge erhalten. Aus der Tafel 13 des Anhanges ersieht man, daß für *h* = 11 m und für eine 2,1fache Wasserleistung ein Pumpendruck von 600 mm notwendig ist. Im Hinblick auf die ungünstige Stellung der höchsten Heizkörper gegenüber den anderen wird man zweckmäßig auf die nächste Spalte übergehen, die eine 2,26fache Wassermenge und einen Pumpendruck von 700 mm angibt. Aus derselben Spalte sind die Mehrfachzahlen *m* für die mittleren Heizkörperabstände *h* der anderen Geschosse zu entnehmen; sie sind in Spalte 5 eingetragen. Die Vervielfachung mit den Werten der Spalte 4 ergibt die in Rechnung zu stellenden Wasserleistungen (Spalte 6), deren Summe der Leistung der Pumpe zugrunde zu legen ist. Diese ist also für einen Pumpendruck von 700 mm und eine Wassermenge von 12 700 l/h zu bestellen.

Mit η_p = 0,3; η_r = 0,7 und *H* = 0,7 m ergibt Gl. 20 einen stündlichen Verbrauch von 0,115 kW.

Oftmals sind in alten Schwerkraftheizungen Kreislaufstörungen vorhanden, die durch Einführung beschleunigten Umlaufes leicht behoben werden können. Hierzu genügen geringe Pumpendrücke von 200 bis 300 mm. Treten die Störungen an den höherstehenden Heizkörpern auf, sind gegebenenfalls höhere zusätzliche Drücke zu geben. Es ist aber von den Wassermengen auszugehen, für welche das Rohrnetz bemessen worden ist. Da in der Regel die Berechnungsgrundlage nicht bekannt ist, ermittle man die Wärmemengen bzw. Wassermengen stockwerkweise aus den eingebauten Heizflächen für die Temperaturen 90" auf 70". Die Bestimmung der vermehrten Wasserleistungen geschieht, wie gezeigt, für den angenommenen Pumpendruck mit Hilfe der Tafel 13 des Anhanges.

Wie bereits bemerkt, richtet sich der Pumpendruck nach der Höhenlage des Heizkörpers, an dem die Störungen auftreten. Nach den sich einstellenden Vor- und Rücklauftemperaturen läßt sich der Grad der Störung beurteilen. Im allgemeinen wird man mit einer Verdopplung der Wassermengen auskommen. Man entnimmt also für die betreffende Höhenlage und die doppelte Wassermenge (*m* = 2) den Pumpendruck aus der Tafel 13. Für diesen Pumpendruck sind dann die Wasserleistungen aller übrigen Heizkörper zu bestimmen, wobei von den Wassermengen bei strengster Kälte für ϑ = 20° auszugehen ist. Liegen Verstopfungen vor, so können diese naturgemäß durch Beschleunigung des Umlaufes nicht beseitigt werden.

15. DIE FERNWARMWASSERHEIZUNG

A. ANWENDUNGSGEBIET, WIRTSCHAFTLICHKEIT, ÜBERGANG ZUR HEISSWASSERHEIZUNG

Unter Fernheizung versteht man Anlagen, die von einer ferngelegenen Kesselanlage aus eine größere Anzahl von Gebäuden mit Wärme versorgen. Oftmals liegen die Gebäudegruppen so eng zusammen, daß von einer Fernheizung keine Rede sein kann. Dann gilt das bisher über Pumpenheizung gesagte.

Die Wirtschaftlichkeit einer Fernheizung ist von der Ausdehnung des Rohrnetzes und der Fernkanäle sowie der Wärmedichte, d. h. dem auf die Flächeneinheit eines Gebietes entfallenden Wärmebedarf, abhängig. Meist steht bei Großanlagen auch Hochdruckdampf zur Verfügung, so daß die Kraft für die Umwälzpumpen kostenlos ist, da der Abdampf der Antriebsturbinen der Pumpen zu Heizzwecken ausgenutzt wird. Ist man auf den Bezug elektrischen Stromes angewiesen, dann hängt die Wirtschaftlichkeit wesentlich vom Strompreis ab. Bei der Verzinsung und Tilgung des Anlagewertes sind die Kosten der Kanäle von ausschlaggebender Bedeutung. Ihre Kosten schwanken zwischen 50 und 500 DM je Meter, je nachdem die Kanäle durch freies Gelände oder durch verkehrsreiche Straßen geführt werden müssen. Betriebstechnisch sind auch die Wärmeverluste der Fernleitungen von erheblichem Einfluß. Diesen unabänderlichen Verlusten steht die Verwendung billiger Brennstoffe gegenüber, die in technisch vollkommenen Feuerungen mit hohem Wirkungsgrad verbrannt werden können.

Bevor ein Entschluß über die Ausführung einer Fernheizung gefaßt wird, muß eine sorgfältige Wirtschaftsberechnung unter Berücksichtigung der angegebenen Gesichtspunkte vorangehen, woraus sich die Ausführbarkeit bzw. die Nichtausführbarkeit von selbst ergibt. Für die Fernleitung der Wärme auf größere Entfernung kommt entweder Hochdruckdampf oder Wasser, letzteres neuerdings in Form von Heißwasser, in Frage. Was die Anlagekosten dieser beiden Heizarten anbetrifft, so ist zu sagen, daß sie, gleiche Anfangsdrücke vorausgesetzt, im wesentlichen gleich sind. Als wirtschaftlicher Vorzug ist der Heißwasserfernheizung die Erhaltung der allgemeinen Regelung gutzubuchen, denn auch bei ihr besteht die Möglichkeit, in der Übergangszeit mit entsprechend geringeren Heiztemperaturen zu arbeiten, während sich bei der Ferndampfheizung die Dampftemperaturen nicht wesentlich ändern. Dies ist auf die Wärmeverluste in den Fernleitungen von erheblichem Einfluß. Diese bleiben bei Dampf als Heizmittel, unabhängig von dem je nach der Außentemperatur stark schwankenden Wärmeverbrauch, ziemlich gleich. Hat man beispielsweise, bezogen auf den Verbrauch bei strengster Kälte, einen Wärmeverlust des Rohrnetzes von 10 % ermittelt, dann können diese Verluste bei Dampf, auf den in der Übergangszeit anfallenden Wärmebedarf bezogen, Werte von 40 % und mehr erreichen. Es ist nun ein großer Vorzug der Heißwasserfernheizung, daß in der Übergangszeit, infolge der geringeren Heiztemperaturen, diese Wärmeverluste, auf den jeweils anfallenden Wärmeverbrauch bezogen, mit 10 % annähernd gleichbleiben. Dies ist betriebswirtschaftlich von großer Bedeutung auf den Belieferungsumkreis, der bei Dampf als Heizmittel etwa auf 3 km geschätzt werden kann, während Heißwasser eine Ausdehnung bis zu 5 km im Umkreis ohne allzu große Wärmedichte noch zuläßt. Endgültigen Aufschluß kann von Fall zu Fall nur durch die Wirtschaftlichkeitsberechnung erbracht werden. Gewöhnliche Fernwasserheizungen, die mit Vorlauf- und Rücklauftemperaturen 90 auf 70° arbeiten, kommen für die Überbrückung größerer Entfernungen heute nicht mehr in Frage, an ihre Stelle ist die Heißwasserfernheizung getreten.

Unter Heißwasserheizungen gemeinhin hat man in den älteren Zeiten Anlagen verstanden, deren Heizkörper- und Kesselheizflächen aus einem Rohrzuge bestanden, wozu starkwandige Perkinsrohre (1″ Dmr.) verwendet werden mußten, da mit Innendrücken von mehr als 100 at zu rechnen war. Die in den Räumen in Form von Rohrschlangen untergebrachten Heizkörper standen in unmittelbarer Verbindung mit der in der Feuerung untergebrachten Rohrheizfläche. Diese Art der Heißwasserheizung, die nur noch für gewisse industrielle oder gewerbliche Zwecke, bei denen mit hohen Temperaturen gearbeitet werden muß (Lackier-, Bäckereiöfen usw.), in Anwendung ist, scheidet heute für die Raumheizung vollkommen aus. Heute versteht man unter Heißwasserheizungen solche, die mit einer höheren Temperatur als 100° arbeiten, so daß die alten Mitteldruckheizungen auch unter diesen Begriff fallen.

Das Wesentliche der Heißwasserfernheizung besteht darin, die Fernleitungen unter einen höheren statischen Druck zu stellen, dementsprechend man mit höheren Wassertemperaturen arbeiten kann. Zahlentafel 13 gibt für verschiedene Drücke die Temperaturen an, bei welchen Verdampfung eintritt. Man wird bei Wahl der Vorlauftemperaturen etwa 8 bis 10° von dieser Grenze entfernt bleiben.

Zahlentafel 13. Verdampfungstemperaturen bei verschieden abs. Drücken.

Druck in ata	1	2	3	4	5	6	7	8	9	10
Verdampfungstemp.	99°	120°	133″	143°	151″	158″	164″	170″	175″	179°

Schon bei gewöhnlichen Warmwasserheizungen wird es meist möglich sein, das Ausdehnungsgefäß 20 m hoch über den Grundleitungen anzubringen und diese damit unter einen abs. Druck von 3 ata zu stellen. Die Verdampfungstemperatur beträgt nach obiger Zahlentafel 133°, so daß ohne Gefahr bis zu einer Temperatur von 120° geheizt werden darf. Dies bedeutet, daß, da das Rücklaufwasser mit 70° zurückkommt, mit einem Temperaturunterschied $(120 - 70) = 50°$ gegenüber früher von $(90 - 70) = 20°$ gerechnet werden kann. Beträgt der zu deckende Wärmebedarf W, so ist lt. Gl. 3 in dem einen Falle eine Wassermenge $W/50$, in dem andern Falle eine Wassermenge von $W/20$ umzuwälzen. Es ist also, um die gleichen Wärmemengen fortzuleiten, eine 0,4fach geringere Wassermenge nötig als bei 90 auf 70°. Da der Widerstand nahezu mit dem Quadrate und die Leistung mit der dritten Potenz der Geschwindigkeiten bzw. der Wassermengen abnimmt, so ist leicht zu ermessen, von welcher Bedeutung die Erhöhung des

Temperaturunterschiedes ist. Der Kraftbedarf für die Umwälzung fällt erheblich, und die Fernleitungen können mit wesentlich geringeren Rohrweiten ausgeführt werden. Kurz gesagt: es können große Wärmemengen an geringe Wassermengen gebunden und deshalb mit geringen Kräften fortgeleitet werden. Darin ist die Bedeutung der Heißwasserfernheizung zu erblicken.

Hinsichtlich Bemessung der Fernleitungen geht man ebenfalls wie früher von den Geschwindigkeiten aus, die man im Kesselhause, wo vorzugsweise Einzelwiderstände auftreten, geringer hält. Hingegen ist es zweckmäßig, in den geraden langen Fernleitungsstrecken mit hohen Geschwindigkeiten (oft 3 m/s und mehr) zu arbeiten. Man halte aber die Regel ein, dort, wo viele und große Einzelwiderstände auftreten, die Geschwindigkeiten zu ermäßigen.

Bei den hohen Geschwindigkeiten treten erhebliche Druckstöße im Rohrnetz auf, die auf die Festpunkte und Krümmer der Leitungen so große Kräfte ausüben, daß sie losgerissen oder, wenn sie auf Betonsockeln gelagert sind, diese einfach umgerissen werden können. Ferner ist bei allen Rohrlagerungen besonders darauf zu achten, daß nicht Wärme durch unmittelbare metallische Leitung in das Mauerwerk abgeführt wird.

Die Annahme derartig hoher Geschwindigkeiten setzt Pumpenantrieb durch Dampfturbinen voraus. Als äußerste Grenze würde gelten, daß der anfallende Turbinenabdampf den geringst denkbaren Wärmebedarf nicht überschreiten darf, um seine restlose Ausnutzung sicherzustellen. Ist man auf Strombezug angewiesen, wird man sich in der Wahl der Geschwindigkeiten erhebliche Beschränkungen auferlegen müssen. Die wirtschaftliche Pumpenkraft ist dann nach den für Pumpenheizung angegebenen Richtlinien zu ermitteln. Ganz allgemein genommen, wird man sich stets von Fall zu Fall durch verschiedene, versuchsweise Annahmen und ihre Nachrechnung Aufschluß über die zweckmäßige Pumpenkraft verschaffen müssen. Bestimmte Regeln lassen sich hierfür nicht angeben.

Die Nachrechnungen erfolgen mit Hilfe der Berechnungstafel 2 im Anhang. Praktisch werden die Reibungsverluste geringer sein, da die Zähigkeiten mit zunehmender Temperatur abnehmen.

Wesentlich ist die Beherrschung der Druckverteilung im Rohrnetz, wofür das zu den Bildern 46 und 47 Gesagte gilt. An keiner Stelle darf der Druck unter den Verdampfungsdruck sinken. Da bei der Führung der Fernleitungen oft große Höhenunterschiede zu überwinden sind, ist es wichtig, die dadurch verursachte Änderung der statischen Drücke an den verschiedenen Punkten des Rohrnetzes festzustellen und zu berücksichtigen.

Hinsichtlich der Ausführungsformen der Fernheißwasserheizungen sind zwei Arten zu unterscheiden:

1. die offene Form,
2. die geschlossene Form.

B. DIE OFFENE HEISSWASSERFERNHEIZUNG

Bei der offenen Form stehen die Fernleitungen unter dem Druck eines offenen
Ausdehnungsgefäßes. Damit ist ihre Anwendung begrenzt, wenn nicht Hoch-
häuser die Unterbringung des Ausdehnungsgefäßes ermöglichen. Im allgemeinen
wird man aber Höhen von 20 bis 30 m erreichen können, womit für Anlagen
kleineren Umfanges schon viel erreicht wird. Im Notfalle steht noch der Schornstein des Kesselhauses zur Verfügung, der in entsprechender Höhe ringförmig
von einem Ausdehnungsgefäß umgeben werden kann.
In Bild 57 ist die Rohranordnung dieser Heizungsart angegeben. Diese entspricht
der gewöhnlichen Pumpenheizung mit dem Unterschiede, daß in den Fernleitungen
mit einem höheren Temperaturunterschied, etwa (120 − 70)
= 50°, gearbeitet werden kann. a, b, c und d sind die Anschlüsse an die Gebäudeheizung. Im wesentlichen handelt
es sich hier darum, den Druck auf den zur Gebäudeheizung

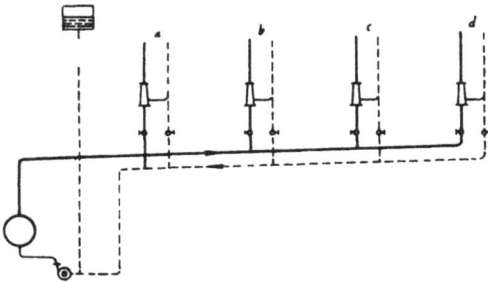

Bild 57. Offene Heißwasserheizung

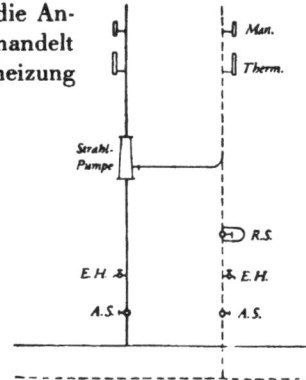

Bild 58. Umformerstelle mit
Strahlpumpe

erforderlichen Druck und die Temperatur auf den üblichen Wert von 90°
umzuformen. Ersteres geschieht durch Anwendung einer Wasserstrahlpumpe,
letzteres durch Zumischung von Rücklaufwasser in den Vorlauf. Die Schaltung der
Umformerstellen der einzelnen Gebäudeanschlüsse ist aus Bild 58 ersichtlich. Zur
Abschaltung der einzelnen Gebäude sind zunächst Absperrschieber AS im Vor-
und Rücklaufanschluß anzubringen. Darüber befinden sich die Entleerungshähne EH. Alsdann folgt der Regelschieber RS, der zur einmaligen Voreinstellung
dient und deshalb, wenn dies geschehen, mit einer Kappe zu verschließen ist, um
unbefugtes Nachstellen zu verhindern. In den Vorlauf wird nunmehr die Strahlpumpe eingebaut, deren Saugstutzen mit der Rücklaufleitung kurz geschlossen
wird. Ferner sind im Vorlauf wie im Rücklauf der Gebäudehauptleitungen
Thermometer anzubringen, mit Hilfe welcher die Voreinstellung vorgenommen
wird. Der Regelschieber ist so einzustellen, bis zwischen den beiden Thermo-
metern der Temperaturunterschied hergestellt ist, mit dem die Gebäudeheizung
arbeiten soll (90 auf 70°).
Die Gebäudeheizung wird genau wie früher als Pumpenheizung bemessen, wofür

der Pumpendruck p_g, der also von der Strahlpumpe zu erzeugen ist, als bekannt vorauszusetzen ist, und zwar bezogen auf eine Wasserleistung für den Temperaturunterschied $\vartheta_g = 90 - 70 = 20°$. Die Berechnung der zu leistenden Arbeit geschieht nach denselben Grundsätzen wie bei den gewöhnlichen Pumpen. Ist p_g in m WS der Widerstand im Rohrnetz der Gebäudeheizung und W der Wärmebedarf, dann ist die stündliche Arbeit in mkg $W \cdot p_g/\vartheta_g$. Diese Arbeit ist von der Strahlpumpe aufzubringen, wobei ihr Wirkungsgrad η zu berücksichtigen ist, so daß der praktische Arbeitsaufwand beträgt $W \cdot p_g/\vartheta_g \cdot \eta$. Diese Arbeit ist aus dem Fernleitungsnetz zu entnehmen und ist abhängig von dem Druckabfall in der Strahlpumpe. Dieser beträgt, wenn p_f den Druck in m WS vor der Strahlpumpe bedeutet $(p_f - p_g)$. Die dem Fernheizwerk entnommene Wassermenge beträgt W/ϑ_f, worin ϑ_f den hier geltenden Temperaturunterschied bedeutet. Damit wird die von dieser Seite aus zu leistende Arbeit $(p_f - p_g)\,W/\vartheta_f$, welche der oben berechneten gleich sein muß:

$$\frac{W \cdot p_g}{\vartheta_g\,\eta} = \frac{W\,(p_f - p_g)}{\vartheta_f}.$$

Damit ist der Druck p_f bekannt, der vor der Strahlpumpe des entferntesten Gebäudes noch vorhanden sein muß. Er ist

$$p_f = p_g \left(\frac{\vartheta_f}{\eta\,\vartheta_g} + 1 \right). \tag{38}$$

Beispiel: Die Vorlauftemperatur im Fernheiznetz sei $110°$, die Rücklauftemperatur $70°$ und der Druck für die Gebäudeheizung $p_g = 1$ m WS. Es soll der vor der letzten Strahlpumpe erforderliche Druck p_f bestimmt werden.

Es ist: $\vartheta_g = 90 - 70 = 20°$; $\vartheta_f = 110 - 70 = 40$; $p_g = 1$ m WS; $\eta = 0,3$. Damit wird nach Gl. 38

$$p_f = 1 \left(\frac{40}{0,3 \cdot 20} + 1 \right) = 7,7 \text{ m WS}.$$

Es darf nicht versäumt werden, die Druckverteilung in den Rohrnetzen nachzuprüfen. Die einzelnen Gebäudeheizungen sind in ihren Endsträngen durch Windkessel zu entlüften.

C. DIE GESCHLOSSENE HEISSWASSERFERNHEIZUNG

Die geschlossenen Fernheißwasserheizungen kommen hauptsächlich dann in Frage, wenn es sich darum handelt, große Entfernungen zu überbrücken. Das allseitig geschlossene System wird dann unter einen sehr großen abs. Druck bis etwa 10 ata gestellt, um mit möglichst hohen Vorlauftemperaturen arbeiten zu können. Gegen derartig hohe Drücke liegen, wenn auf die Wärmeausdehnung der Leitungen genügend Rücksicht genommen wird, durchaus keine Bedenken vor. Gibt es doch Wasserleitungen, die mit wesentlich höheren Drücken arbeiten. Im übrigen halten Wasserleitungen leichter dicht als Dampfleitungen.

Es kommen zwei Ausführungsformen in Frage:

1. Ausführung als reine Pumpenheizung mit geschlossenem Ausdehnungsbehälter,
2. Ausführung in Verbindung mit Hochdruckdampfkesseln, die gleichzeitig als Ausdehnungsbehälter dienen.

Ausführungsform mit geschlossenem Ausdehnungsbehälter. — In Bild 59 ist die grundsätzliche Anordnung einer unter dem Druck eines Ausdehnungsbehälters stehenden Heißwasserheizung dargestellt; sie unterscheidet sich wenig von der gewöhnlichen Pumpenheizung, nur daß an Stelle des offenen Ausdehnungsgefäßes ein geschlossener Behälter tritt, dessen Druck jetzt der Ausgangspunkt für die hier ganz besonders wichtige Nachprüfung der Druckverteilung im Fernheiznetz ist.

Zum Antrieb der Umwälzpumpen dienen in der Regel Dampfturbinen. Der erforderliche Dampf wird in einem besonderen Hochdruckdampfkessel erzeugt. Die

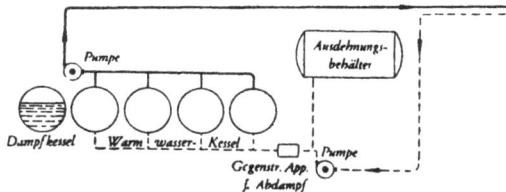

Bild 59. Geschlossene Heißwasserheizung mit Warmwasserekesseln und gesondertem Dampfkessel für Turbinenantrieb der Umwälzpumpe

Wärme des Abdampfes wird in einem Gegenstromapparat restlos für Heizungszwecke ausgenützt. Sind die Widerstände in den Fernleitungen nur gering (etwa 3 atü), genügt der Einbau einer Pumpe in den Vorlauf. Kessel und Ausdehnungsbehälter bleiben dann vom Pumpendruck entlastet. Die Vorlaufleitungen stehen dann außer unter dem statischen noch unter dem Pumpendruck, so daß die Verdampfungsgefahr und damit das gefährliche Abreißen der Wasserströmung ausgeschlossen ist. Um bei sehr großen Pumpendrücken die Vorlaufleitungen nicht zu stark zu belasten, ist es zweckmäßig, eine zweite Pumpe im Rücklauf anzuordnen, die die Aufgabe hat, die Druckverluste der Rücklaufleitungen zu decken, die alsdann unter Minderdruck stehen. Da hier das Wasser auf etwa 70° abgekühlt ist, besteht keine Verdampfungsgefahr, sofern man nicht in einen Unterdruckbereich gelangt, was im besonderen stets nachzuprüfen ist.

Ausdehnungsbehälter. — Bei großen Anlagen wird man den Ausdehnungsraum in mehrere Behälter auflösen müssen. Nach Möglichkeit sollen diese eine etwa 1,2- bis 1,3fache Ausdehnung des Wassers aufnehmen können. Oft begnügt man sich mit dem Ausgleich täglicher Schwankungen und pflegt außergewöhnliche Schwankungen durch automatisches Zuspeisen oder Ablassen von Wasser auszugleichen. Die Behälter sind dann mit einem nach dem bekannten

Schwimmerprinzip arbeitenden Wasserstandsregler zu versehen. Mit dem Zusatzwasser soll aber keine Luft in das System gelangen.

Zur Herstellung und Aufrechterhaltung des Druckes im Ausdehnungsbehälter, entsprechend der geforderten Heiztemperatur, kann ein automatisch betriebener Luftkompressor dienen. Der Behälter wird gegen zu hohen Innendruck durch ein Sicherheitsventil geschützt.

Da ein Hochdruckdampfkessel vorhanden ist, kann man auch den gewünschten statischen Druck im Ausdehnungsbehälter durch Hochdruckdampf herstellen; an Stelle des Luftpolsters tritt dann ein Dampfpolster. In diesem Falle unterliegen die Behälter der Dampffaßverordnung.

Bei Anwendung eines Luftpolsters besteht die Gefahr, daß die Luft mit der Zeit im Wasser durch Diffusion verschwindet und dieses dadurch mit Sauerstoff angereichert wird. Um dieses zu verhindern, wendet man öfter auf der Wasseroberfläche ausgebreitete Sperrflüssigkeiten (z. B. schwer siedende Öle) an.

Statt des Luftpolsters bedient man sich manchmal einer Stickstoff-Füllung, die aber auch mit der Zeit vom Wasser absorbiert wird und gelegentlich ersetzt werden muß.

P u m p e n. — Da durchweg hohe Pumpendrücke erforderlich werden, kommen ausschließlich mehrstufige Pumpen, die allerdings auch einen höheren Wirkungsgrad (etwa $\eta = 0,7$) haben, in Frage. Werden diese in den Temperaturbereich des Vorlaufes eingebaut, dann sind Sonderbauarten mit Stopfbuchsenkühlung zu verwenden. Die Pumpen müssen Sicherungen gegen Durchlaufen und Entstehen zu hoher Drücke erhalten.

Die von den Pumpenherstellern gefürchtete Erscheinung der Kavitation (Hohlraumbildung), die auch bei kaltem Wasser auftreten kann, ist um so gefährlicher, je mehr sich die Temperatur des Wassers der Verdampfungstemperatur nähert. Kavitationsfreie Pumpen sind daher eine grundsätzliche Bedingung für sicheren Betrieb.

U m f o r m e r. — Die hohen Drücke und Temperaturen der Fernleitungen dürfen nicht in die Gebäudeheizungen eingeleitet werden, es sei denn, daß, wie in gewerblichen Betrieben, für Wärmeplatten, Trockenschränke u. dgl. höhere Temperaturen gebraucht werden oder Luftheizungen mit Lufterhitzern anzuschließen sind. Für die Gebäudeheizungen müssen als Umformer Gegenstromapparate aufgestellt werden.

D a m p f b e h e i z t e F e r n w a r m w a s s e r h e i z u n g. — Für Städteheizungen kommen als Träger der Wärmeversorgung vor allem die Elektrizitätswerke in Frage. In diesen wird mit Dampfdrücken von 30 at und mehr gearbeitet. Einmal wäre es bedenklich, derartig hohe Drücke in das Fernleitungsnetz zu schicken, dann wird auch Dampf, der noch nicht gearbeitet hat, nicht gern hergegeben. Im wesentlichen bleibt die Anordnung nach Bild 59 bestehen; an Stelle der Kessel treten Gegenstromapparate verschiedener Stufen, Bild 60; in der ersten Stufe spielt sich die Erwärmung des Wassers von 70 auf 95° ab, in der zweiten Stufe bis zu etwa 125° mit Dampf von 2 atü usw. So sind in der letzten Stufe nur noch geringe Mengen hochwertigen Dampfes erforderlich, um das Aufheizen auf die Netztemperatur zu bewirken. Da diese in der Übergangszeit infolge der Allgemeinregelung sehr niedrig liegt, kommen die letzten kostspieligen Stufen nur wenig zur Anwendung.

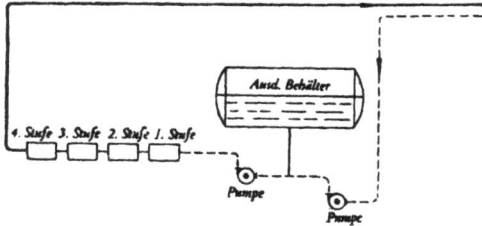

Bild 60. In verschiedenen Stufen dampfbeheizte Heißwasserheizung

D. HEISSWASSERFERNHEIZUNG IN VERBINDUNG MIT HOCHDRUCKDAMPFKESSELN ALS AUSDEHNUNGSAUSGLEICHER

Bei dieser Heizungsart wird der Wasserinhalt von Hochdruckdampfkesseln im Fernheiznetz umgewälzt; sie übernehmen folgende drei Aufgaben:

1. die Wärme zu erzeugen,

2. den erforderlichen statischen Druck im System herzustellen,

3. die Wärmeausdehnung des Wassers auszugleichen.

Bild 61 zeigt die grundsätzliche Anordnung, bei der aus bereits erläuterten Gründen eine Vor- und Rücklaufpumpe angenommen worden ist. Das Umwälzwasser des Rücklaufes wird etwas unter dem niedrigsten Wasserstand eingeführt, um bei einem etwaigen Rohrbruch das Leerlaufen des Kessels zu verhüten. Eine

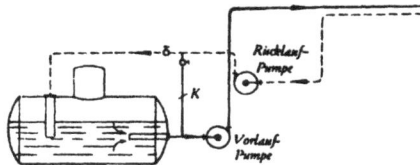

Bild 61. Heißwasserheizung in Verbindung mit Hochdruckdampfkesseln, deren Wasserinhalt im Fernheizsystem umgewälzt wird

bedenkliche Stelle ist der in den Wasserraum des Kessels hineinragende Saugstutzen der Vorlaufpumpe, in dem das Wasser nahezu Dampftemperatur hat. In diesem Stutzen darf kein nennenswerter Widerstand entstehen. Am Wasseraustritt pflegt man eine Kurzschlußverbindung K mit dem Rücklauf herzustellen, um dem Vorlaufwasser Rücklaufwasser zumischen zu können. Das Vorlaufwasser ist so weit herunterzukühlen, daß Kavitationserscheinungen in der Pumpe ausgeschlossen sind.

Die Umwälzung des Wasserinhaltes von Dampfkesseln ist durchaus keine glückliche Lösung der Fernwarmwasserheizung und sollte daher auf geeignete industrielle Sonderfälle beschränkt bleiben.

E. WARMWASSER- UND DAMPFERZEUGUNG FÜR WIRTSCHAFTSZWECKE

Eine in wirtschaftlicher Beziehung wichtige Eigenschaft der Heißwasserfernheizung ist die Möglichkeit der generellen Regelung. Die jahraus, jahrein im Betriebe befindlichen Warmwasserbereitungsanlagen fügen sich dieser Regelung nicht. Daher ist es unumgänglich notwendig, die Wärmeversorgung dieser Anlagen von dem gewöhnlichen Heizbetrieb zu trennen und für sie eine besondere Vorlaufleitung zu verlegen, während die Rücklaufleitung für beide Betriebe gemeinsam benutzt werden kann in der Voraussetzung, daß das Rücklaufwasser tief genug heruntergekühlt wird.

Ein weiterer Vorzug der Heißwasserheizung besteht darin, daß infolge der hohen Vorlauftemperaturen auch Dampf für Wäscherei-, Desinfektions-, Sterilisationszwecke usw. erzeugt werden kann. Ein gewöhnlicher, schmiedeeiserner Dampfkessel erhält an Stelle der Feuerung lediglich eine Heißwasserheizschlange. Man tut gut, das mit verhältnismäßig hohen Temperaturen aus der Heizschlange austretende Wasser in der Warmwasserbereitung nachzukühlen, wie es überhaupt ganz allgemein aus wirtschaftlichen Gründen notwendig ist, das Rücklaufwasser soviel wie irgend denkbar herunterzukühlen und den Wärmeinhalt soweit wie möglich auszunützen.

16. KRITIK DER TICHELMANNSCHEN REGEL (Nachtrag)

Wie in Abschnitt 7 C ausgeführt worden ist, ist die billige Herstellung einer Warmwasserheizung wesentlich von der Bemessung der Hauptverteilungsleitungen abhängig. Dies führt zwangsläufig dazu, den verfügbaren wirksamen Druck hauptsächlich in diesen Leitungen aufzubrauchen. Die Praxis hat in zahllosen Fällen erwiesen, daß die in dieser Weise bemessenen und gut durchgerechneten Anlagen anstandslos laufen und keiner Nachregelung bedürfen. Wenn hier und dort Klagen über schlechten Gang von Neuanlagen auftreten, dann ist dies, wenn man von irgendwelchen Montagefehlern absieht, stets auf ungenügende Gesamtdurchrechnung des Rohrnetzes zurückzuführen, eine Arbeit, die durchaus nicht leicht ist und viel Übung, Erfahrung und Zeit erfordert. Unter dem in der Industrie manchmal herrschenden Hetztempo ist es oft nicht möglich, bei den Berechnungen jene Sorgfalt aufzuwenden, wie es eigentlich notwendig wäre; es ist dann mehr oder minder Glückssache, ob die Anlage nach der Ausführung vorschriftsmäßig läuft. Bei eintretendem Mißerfolg macht man dann dafür die Nichtanwendung

der *Tichelmann*schen Regel verantwortlich. Gewiß ist, wenn man sich diesen
Luxus leisten kann, gegen die Druckverteilung nach *Tichelmann* nichts einzuwenden; im Gegenteil, man erreicht, was hier vorweggenommen sei, eine gewisse
Unempfindlichkeit gegen Flüchtigkeits- oder Berechnungsfehler, also eine Art
Eselsbrücke für schlecht berechnete Anlagen. Der in neuerer Zeit wieder aufgetretene Schrei nach der *Tichelmann*schen Regel erfordert daher dringend eine
Aufklärung.
Für eine im Beharrungszustande befindliche Anlage ist es gleichgültig, wie die
Druckverteilung vorgenommen wird, da in jedem Punkte des Rohrnetzes der
wirksame Druck vorhanden ist, soweit er nicht schon durch die Widerstände aufgebraucht wurde[1]). Im Nichtbeharrungszustande, also beim Anheizen, sind die
Anlaufkräfte sehr groß, denn die Temperaturen in den Rücklaufleitungen bleiben
so lange sehr niedrig, bis der Wasserinhalt der Heizkörper abgeflossen ist. Aus
diesen Vorgängen läßt sich eine wissenschaftliche Begründung der *Tichelmann*schen Regel nicht ableiten.
Nun bleibt noch der in Abschnitt 7 G behandelte Fall übrig, daß Heizkörper oder
Stränge, die längere Zeit abgestellt gewesen waren, sich nicht mehr selbsttätig in
den Kreislauf einschalten. Durch Anwendung der *Tichelmann*schen Regel kann
dieser Übelstand tatsächlich vermieden werden; doch gilt hier nicht die Höhenlage des Endstranges, sondern die Höhe jenes Strangpunktes, der vor dem aussetzenden Strang liegt. Einfache und billige Mittel, diese unliebsamen Erscheinungen zu vermeiden, sind in Abschnitt 7 G angegeben. Man wird wohl noch nach
einer anderen Erklärung der *Tichelmann*schen Regel suchen müssen.
Zunächst sei auf das durchgerechnete Beispiel des Bildes 29 hingewiesen. Aus der
Zusammenstellung ist für den ungünstigsten Heizkörper, Teilstrecke *1*, ein Druckabfall von 1,83 mm im Heizkörperanschluß zu entnehmen. Wenn auch der Drucküberschuß rd. 2 mm beträgt, so schließt dies nicht aus, daß, um diese Abstimmung
sicherzustellen, es unbedingt erforderlich ist, alle Stromkreise, vor allem die zum
Kessel näher gelegenen, scharf durchzurechnen. Beiläufig sei hier noch bemerkt,
daß es stets gut ist, dem ungünstigsten Heizkörperstromkreis einen reichlichen
Drucküberschuß zu geben.
Um zu einem Ergebnis mit der *Tichelmann*schen Regel zu kommen, müssen wir
diese etwas umbauen. Aus Bild 62 ist zu entnehmen, daß der wirksame Druck
$h(\gamma_{70} - \gamma_{90})$ des ungünstigsten Heizkörpers in zwei Teile zerfällt:

$$h(\gamma_{70} - \gamma_{90}) = h_1(\gamma_{70} - \gamma_{90}) + h_2(\gamma_{70} - \gamma_{90}).$$

Der erste Teil $h_1(\gamma_{70} - \gamma_{90})$ wird nach *Tichelmann* zur Bemessung der Hauptverteilungsleitungen, soweit sie im ungünstigsten Stromkreis liegen, verwendet. Dies
hat zur Folge, daß wir den Rest $h_2(\gamma_{70} - \gamma_{90})$ in dem kurzen Strangteil und im
Heizkörperanschluß aufbrauchen müssen. Dieser Teil läßt sich aber in feststehenden Zahlen ausdrücken, die für beliebige Anlagen gelten. Rechnet man (siehe
Bild 62) von Mitte Vorlaufleitung bis Kellerdecke 0,2 m, die Fußbodenstärke zu

---

[1]) L. *Kopp*: Druckverhältnisse in Schwerkraft-Warmwasserheizungen und die örtliche Regelbarkeit der Warmwasserheizungsanlage mit unterer Verteilung. Gesundh.-Ing. Bd. 57 (1934),
S. 269/273.

0,3 m und bis Heizkörpermitte etwa 0,5 m, dann wird $h_2 = 1,0$ m und hierzu der wirksame Druck 1,00 $(\gamma_{70} - \gamma_{90}) = 12,4$ mm. Die *Tichelmann*sche Regel läßt sich jetzt ganz unabhängig von der Höhenlage des Kessels wie folgt aussprechen:

Bei allen Schwerkraftheizungen mit unterer Verteilung ist in dem kurzen Strangteil zum ungünstigsten Heizkörper und im Heizkörperanschluß ein Druck von 12,4 mm aufzubrauchen, gleichgültig, wie groß der Höhenabstand zwischen Heizkörper- und Kesselmittel ist.

Während man mit dem Architekten um jeden Zentimeter Kesselraumvertiefung feilscht, wird hier recht großzügig und verschwenderisch mit der Höhe umgegangen. Wie groß der für die Bemessung der Hauptverteilungsleitungen ausfallende Druck ist, geht aus der nachfolgenden Zahlentafel 14 hervor, in der der verlorene Betrag in % des verfügbaren wirksamen Druckes für Höhenabstände von $h = 1,5$ bis 3,0 m angegeben ist.

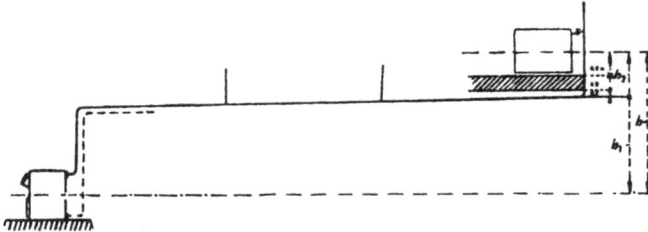

Bild 62. Bemessung der Warmwasserheizungen mit unterer Verteilung nach der Tichelmannschen Regel

Zahlentafel 14. Nach der *Tichelmann*schen Regel für die Bemessung der Hauptleitungen verlorener wirksamer Druck in %.

	3,0 m	2,5 m	2,0 m	1,5 m
Mittlerer Höhenabstand h vom Kessel	3,0 m	2,5 m	2,0 m	1,5 m
Wirksamer Druck des Heizkörpers . . in mm	37	31	25	19
Verlorener wirksamer Druck	33%	40%	50%	67%

Diese Zahlentafel spricht für sich und bedarf wohl keiner besonderen Auslegung. Die günstige, aber teuer erkaufte Wirkung, die man bisher mit der Anwendung der *Tichelmann*schen Regel erzielt hat, läßt sich wie folgt erklären: Rechnet man (s. Bild 62) in dem kurzen Strangteil bis zum Heizkörperanschluß einen Druckverlust von rd. 5 mm, dann bleiben für den Heizkörperanschluß (und hierauf kommt es an) noch 7,5 mm übrig. Vergleicht man diesen Druckabfall mit dem vorhin angegebenen von 1,83 mm des Beispiels nach Bild 29, dann ist leicht einzusehen, daß in diesem Falle geringe Berechnungsfehler sich schon ungünstig auswirken können, während sie in jenem Falle, also bei einem Druckabfall von 7,5 mm im Heizkörperanschluß, noch wenig ausmachen werden. Die günstige Wirkung der *Tichelmann*schen Regel ist also darin zu erblicken, daß sie die Anlagen gegen Berechnungsfehler und vielleicht auch gegen mögliche Störungen im Betriebe unempfindlich macht. Der Preis, der hierfür zu zahlen ist, erscheint mir doch recht hoch, und es liegt nahe, zu versuchen, ob man diesen Vorteil nicht auf billigere und vielleicht bessere Weise erreichen kann. Dies ist ohne weiteres möglich, wenn man die niedrigststehenden Heizkörper aller Stränge unter gleiche Druckbedingungen stellt, so daß sie, ob sie nah oder fern zum Kessel liegen, alle gleich günstig gestellt sind. Dies gilt aber auch für die höherstehenden Heizkörper. Auf Grund dieser Überlegungen ergibt sich als Ersatz für die *Tichelmann*sche Regel folgende Unempfindlichkeitsregel:

Der Druckabfall in den Heizkörperanschlüssen ist für alle in gleicher Höhenlage befindlichen Heizkörper in gleicher Größe mit etwa 15 bis 20% des ihnen zukommenden wirksamen Druckes zu bemessen.

Die immerhin damit verbundene Verteurung der Hauptleitungen erscheint tragbar. Dieses und die Regel zu erproben, muß ich der Praxis überlassen.

Anhang

Berechnungstafeln

Tafel 1. Wichten des Wassers in kg/m³ für Temperaturen von 40 bis 100°C und Änderungen G der Wichten von Grad zu Grad.

Temp.	γ kg/m³	G	Temp.	γ kg/m³	G	Temp.	γ kg/m³	G	Temp.	γ kg/m³	G
40	992,24		55	985,73		70	977,81		85	968,65	
		0,38			0,48			0,58			0,65
41	991,86		56	985,25		71	977,23		86	968,00	
		0,39			0,50			0,58			0,66
42	991,47		57	984,75		72	976,66		87	967,34	
		0,40			0,50			0,59			0,66
43	991,07		58	934,25		73	976,07		88	966,68	
		0,41			0,50			0,59			0,67
44	990,66		59	983,75		74	975,48		89	966,01	
		0,41			0,51			0,59			0,67
45	990,25		60	983,24		75	974,89		90	965,34	
		0,42			0,52			0,60			0,67
46	939,83		61	982,72		76	974,29		91	964,67	
		0,43			0,52			0,61			0,68
47	989,40		62	982,20		77	973,68		92	963,99	
		0,44			0,53			0,61			0,69
48	988,96		63	981,67		78	973,07		93	963,30	
		0,44			0,54			0,62			0,69
49	988,52		64	981,13		79	972,45		94	962,61	
		0,45			0,54			0,62			0,69
50	988,07		65	980,59		80	971,83		95	961,92	
		0,45			0,54			0,62			0,70
51	987,62		66	980,05		81	971,21		96	961,22	
		0,46			0,55			0,63			0,71
52	987,15		67	979,50		82	970,57		97	960,51	
		0,46			0,56			0,64			0,71
53	986,69		68	978,94		83	969,94		98	959,81	
		0,48			0,56			0,64			0,72
54	986,21		69	978,38		84	969,30		99	959,09	
		0,48			0,57			0,65			0,72

Tafel 2. Reibungs- und Einzelwiderstände der Rohrleitungen.

Nenn-durch-messer	Lichte Weite mm	Einzelwiderstände in gleichwertigen Rohrlängen lg in m für die Widerstandszahlen $\Sigma\zeta =$													
		1	2	3	4	5	6	7	8	9	10	11	12	13	14
3/8" 10	11,25	0,17	0,34	0,51	0,68	0,85	1,02	1,19	1,36	1,53	1,70	1,87	2,04	2,21	2,38
1/2" 15	14,75	0,25	0,50	0,75	1,00	1,25	1,50	1,75	2,00	2,25	2,50	2,75	3,00	3,25	3,50
3/4" 20	19,75	0,37	0,74	1,11	1,47	1,85	2,22	2,60	2,96	3,33	3,70	4,10	4,50	4,80	5,20
1" 25	25,5	0,54	1,08	1,62	2,16	2,70	3,25	3,80	4,30	4,90	5,40	5,90	6,50	7,00	7,60
5/4" 32	34,25	0,82	1,64	2,46	3,28	4,10	4,90	5,75	6,60	7,40	8,20	9,0	9,90	10,6	11,5
1½" 40	39,75	1,02	2,04	3,06	4,10	5,10	6,13	7,15	8,16	9,20	10,2	11,2	12,3	13,3	14,3
2" 50	51,0	1,47	2,94	4,40	5,90	7,40	8,80	10,3	11,8	13,2	14,7	16,2	17,6	19,1	20,6
—	(57)	1,71	3,42	5,13	6,84	8,55	10,2	12,0	13,7	15,4	17,1	18,8	20,5	22,2	24,0
60	64	2,00	4,00	6,00	8,00	10,0	12,0	14,0	16,0	18,0	20,0	22,0	24,0	26,0	28,0
70	70	2,31	4,62	6,94	9,25	11,6	13,9	16,2	18,5	20,8	23,1	23,1	27,7	30,0	32,4
—	(76)	2,68	5,36	8,05	10,7	13,4	16,1	18,8	21,4	24,1	26,8	29,5	32,2	34,8	37,5
80	82,5	2,91	5,82	8,75	11,7	14,6	17,5	20,4	23,3	26,2	29,1	32,0	35,0	37,8	40,8
—	(88)	3,35	6,70	10,0	13,4	16,7	20,1	23,4	26,8	30,1	33,5	37,0	40,0	43,6	47,0
90	94,5	3,65	7,30	11,0	14,6	18,3	22,0	25,6	29,2	32,8	36,5	40,0	44,0	47,5	51,0
100	100,5	3,92	7,84	11,8	15,7	19,6	23,5	27,4	31,4	35,3	39,2	43,0	47,0	51,0	55,0
—	(106)	4,12	8,24	12,4	16,4	20,6	24,6	28,7	33,0	37,0	41,2	45,3	49,4	53,5	57,6
110	113	4,65	9,30	14,0	18,6	23,3	28,0	32,6	37,2	42,0	46,5	51,0	56,0	60,5	65,0
120	119	4,98	9,96	15,0	20,0	25,0	30,0	35,0	40,0	45,0	49,8	55,0	60,0	65,0	70,0
125	125	5,30	10,6	15,9	21,2	26,5	31,8	37,1	42,3	47,7	53,0	58,0	63,5	69,0	74,0
130	131	5,70	11,4	17,1	22,8	28,5	34,2	40,0	45,6	51,3	57,0	63,0	68,5	74,0	80,0
140	143	6,50	13,0	19,5	26,0	32,5	39,0	45,5	52,0	58,5	65,0	71,5	78,0	84,5	91,0
150	150	6,90	13,8	20,7	27,6	34,5	41,4	48,3	55,2	62,0	69,0	76,0	83,0	90,0	97,0
160	162	7,80	15,6	23,4	31,2	39,0	47,0	54,5	62,3	70,0	78,0	86,0	93,0	101	
175	180	9,30	18,6	27,9	37,2	46,5	55,7	65,0	74,0	84,0	93,0	102			
200	203	11,1	22,2	33,3	44,4	55,5	66,6	77,7	88,8	100					
225	228	12,9	25,8	38,8	51,6	64,6	77,5	90,0							
250	253	14,8	29,6	44,5	59,3	74,0	89,0								
275	277	16,7	33,4	50,0	67,0	84,0	100								
300	302	19,2	38,4	57,7	77,0	96,0									

(Fortsetzung.) Tafel 2. Reibungs- und

Lichte Weite Zoll mm	Geförderte Wassermenge in l/h für R in mm WS/m =									
	0,06	0,08	0,10	0,12	0,14	0,16	0,18	0,20	0,22	0,24
$3/8''$				7	8	8	9	9	10	11
$1/2''$				15	16	17	19	20	21	22
$3/4''$	23	27	30	33	36	39	42	44	46	48
$1''$	46	53	60	66	72	76	81	86	91	95
$5/4''$	103	120	135	150	160	175	185	195	205	215
$1^1/_2''$	155	175	205	225	235	260	275	290	305	325
$2''$	300	350	400	440	475	505	540	565	600	650
(57)	405	480	545	600	650	700	750	785	825	855
64	550	650	730	800	880	940	1 025	1 065	1 110	1 200
70	715	850	930	1 025	1 125	1 225	1 300	1 400	1 450	1 500
(76)	900	1 050	1 250	1 300	1 450	1 550	1 650	1 800	1 850	1 950
82,5	1 100	1 300	1 450	1 600	1 800	1 950	2 050	2 150	2 250	2 400
(88)	1 400	1 600	1 800	2 000	2 150	2 350	2 500	2 600	2 750	2 850
94,5	1 650	2 150	2 250	2 350	2 600	2 750	2 950	3 150	3 300	3 500
100,5	1 950	2 250	2 500	2 800	3 050	3 250	3 500	3 700	3 850	4 050
(106)	2 250	2 600	2 900	3 250	3 550	3 750	4 050	4 300	4 550	4 700
113	2 750	3 050	3 500	3 800	4 100	4 500	4 800	5 050	5 350	5 500
119	3 150	3 500	4 000	4 500	4 850	5 010	5 500	5 850	6 050	6 500
125	3 500	4 450	4 500	5 000	5 500	6 000	6 300	6 700	7 100	7 500
131	4 000	4 550	5 100	5 550	6 400	6 600	7 050	7 600	8 000	8 300
143	5 050	6 000	6 550	7 500	8 050	8 600	9 250	9 900	10 300	10 750
150	5 900	6 900	7 550	8 500	9 100	9 800	10 400	11 000	11 500	12 000
162	7 050	8 300	9 000	10 200	11 250	12 100	12 750	13 500	14 250	15 000
180	9 600	11 000	12 500	14 000	15 000	16 000	17 500	18 500	19 000	20 000
203	13 500	15 500	17 500	18 500	21 000	22 500	23 500	25 500	26 500	27 500
228	18 500	21 500	23 500	26 500	28 500	30 000	32 500	34 500	36 000	38 000
253	24 000	27 500	31 000	35 000	37 500	41 000	43 000	45 500	49 000	50 000
277	31 000	36 500	41 000	45 000	48 500	51 500	55 000	57 500	61 000	65 000
302	40 000	45 000	50 000	55 000	60 500	66 000	70 000	75 000	78 500	80 000

Einzelwiderstände der Rohrleitungen.

Nenndurchmesser	Lichte Weite mm	Einzelwiderstände in gleichwertigen Rohrlängen l_g in m für die Widerstandszahlen $\Sigma\zeta =$													
		1	2	3	4	5	6	7	8	9	10	11	12	13	14
$3/8''$ 10	11,25	0,18	0,36	0,54	0,72	0,90	1,08	1,26	1,44	1,62	1,80	1,98	2,16	2,34	2,52
$1/2''$ 15	14,75	0,27	0,54	0,81	1,08	1,35	1,62	1,89	2,16	2,43	2,70	2,97	3,24	3,51	3,78
$3/4''$ 20	19,75	0,41	0,82	1,23	1,64	2,05	2,46	2,87	3,28	3,69	4,10	4,50	4,92	5,32	5,74
$1''$ 25	25,5	0,60	1,20	1,80	2,40	3,00	3,60	4,20	4,80	5,40	6,00	6,60	7,2	7,80	8,40
$5/4''$ 32	34,25	0,93	1,86	2,79	3,72	4,65	5,60	6,50	7,44	8,37	9,30	10,2	11,2	12,1	13,0
$1\frac{1}{2}''$ 40	39,75	1,16	2,32	3,48	4,64	5,80	6,95	8,10	9,30	10,44	11,6	12,8	13,9	15,1	16,2
$2''$ 50	51,0	1,65	3,30	4,95	6,60	8,25	9,90	11,6	13,2	14,8	16,5	18,1	19,8	21,4	23,1
—	(57)	1,90	3,80	5,70	7,60	9,50	11,4	13,3	15,2	17,1	19,0	20,9	22,8	24,7	26,6
60	64	2,21	4,42	6,63	8,84	11,1	13,3	15,5	17,7	19,9	22,1	24,3	26,5	28,7	31,0
70	70	2,54	5,08	7,63	10,2	12,7	15,2	17,8	20,3	22,8	25,4	28,0	30,5	33,0	35,5
—	(76)	2,97	5,95	8,92	11,9	14,9	17,8	20,8	23,8	26,8	29,7	32,7	35,6	38,7	41,6
80	82,5	3,31	6,62	9,95	13,2	16,5	19,8	23,2	26,5	29,8	33,1	36,4	39,7	43,0	46,4
—	(88)	3,62	7,25	10,9	14,5	18,1	21,7	25,4	29,0	32,6	36,2	39,8	43,4	47,0	50,6
90	94,5	3,90	7,80	11,7	15,6	19,5	23,4	27,3	31,2	35,0	39,0	43,0	47,0	51,0	54,6
100	100,5	4,27	8,54	12,8	17,1	21,4	25,6	29,9	34,2	38,4	42,7	47,0	51,3	55,5	60,0
—	(106)	4,50	9,0	13,5	18,0	22,5	27,0	31,5	36,0	40,5	45,0	49,5	54,0	58,5	63,0
110	113	5,08	10,2	15,3	20,4	25,4	30,5	35,6	40,7	45,8	50,8	56,0	61,0	66,0	71,0
120	119	5,46	10,9	16,4	21,9	27,3	32,8	38,3	43,7	49,2	54,6	60,0	65,5	71,0	76,5
125	125	5,86	11,7	17,6	23,4	29,3	35,2	41,0	47,0	52,8	58,6	64,5	70,5	76,0	82,0
130	131	6,20	12,4	18,6	24,8	31,0	37,2	43,4	49,6	56,0	62,0	68,0	74,0	81,0	87
140	143	7,16	14,3	21,5	28,6	35,8	43,0	50,2	57,3	64,5	71,6	79,0	86,0	93,0	100
150	150	7,60	15,2	22,8	30,4	38,0	45,6	53,2	61,0	68,5	76,0	84,0	91,0	99,0	
160	162	8,50	17,0	25,5	34,0	42,5	51,0	59,5	68,0	76,5	85,0	94,0			
175	180	10,1	20,2	30,3	40,4	50,5	60,6	70,7	80,8	91,0	101				
200	203	12,1	24,2	36,3	48,4	60,5	72,5	85,0	97,0						
225	228	14,0	28,0	42,0	56,0	70,0	84,0	98,0							
250	253	16,2	32,4	48,6	65,0	81,0	97,0								
275	277	18,4	36,8	55,3	74,0	92,0									
300	302	21,1	42,2	63,5	84,5										

(Fortsetzung.) Tafel 2. Reibungs- und

Lichte Weite Zoll mm	Geförderte Wassermenge in l/h für R in mm WS/m =									
	0,26	0,28	0,30	0,35	0,40	0,45	0,50	0,60	0,70	0,80
3/8''	11	12	12	13	14	15	16	17	18	20
1/2''	23	23	25	27	28	31	33	36	38	41
3/4''	50	52	54	60	63	68	70	78	85	90
1''	100	105	110	120	125	140	145	160	170	180
5/4''	225	230	245	265	280	300	320	355	380	410
1 1/2''	330	350	360	400	425	450	475	525	565	611
2''	670	700	710	780	825	900	950	1 050	1 125	1 200
(57)	900	930	975	1 050	1 125	1 200	1 300	1 450	1 550	1 650
64	1 250	1 300	1 350	1 450	1 500	1 650	1 750	1 950	2 100	2 250
70	1 600	1 650	1 700	1 850	2 000	2 100	2 250	2 500	2 700	2 850
(76)	2 050	2 100	2 200	2 350	2 550	2 750	2 850	3 150	3 500	3 750
82,5	2 500	2 600	2 700	2 950	3 100	3 350	3 550	3 850	4 250	4 550
(88)	3 000	3 200	3 350	3 550	3 800	4 050	4 200	4 750	5 015	5 500
94,5	3 650	3 750	3 900	4 250	4 550	4 800	5 100	5 550	6 110	6 550
100,5	4 250	4 500	4 600	5 000	5 200	5 600	6 000	6 600	7 200	7 750
(106)	5 000	5 100	5 250	5 600	6 050	6 600	7 050	7 650	8 300	9 000
113	5 900	6 000	6 300	6 750	7 500	8 000	8 250	9 000	10 000	10 750
119	6 750	7 000	7 250	8 000	8 500	9 250	9 600	10 500	11 500	12 250
125	7 750	8 000	8 300	9 000	9 550	10 500	11 000	12 000	13 500	14 050
131	8 600	9 000	9 250	10 250	11 000	11 750	12 500	13 500	15 000	16 000
143	11 250	11 500	12 000	13 500	14 100	15 000	16 000	17 500	19 000	20 500
150	12 750	13 250	14 000	15 000	16 000	17 000	18 000	20 000	21 500	23 000
162	15 500	16 000	17 000	18 500	20 000	21 000	22 500	24 000	26 000	28 000
180	21 000	22 000	23 000	25 000	26 500	28 000	30 000	33 300	35 500	38 000
203	29 500	30 500	31 000	35 000	37 000	40 000	42 500	45 500	47 500	52 500
228	40 000	41 000	43 000	46 500	50 000	52 500	55 000	60 500	66 500	71 500
253	52 500	54 500	57 500	61 100	66 000	71 000	75 500	81 000	88 500	95 000
277	67 500	70 000	74 000	80 000	85 000	90 000	96 000	105 000	115 000	125 000
302	85 000	87 500	92 000	100 000	105 000	115 000	130 000	135 000	145 000	155 000

Einzelwiderstände der Rohrleitungen.

Nenn-durch-messer	Lichte Weite mm	Einzelwiderstände in gleichwertigen Rohrlängen l_g in m für die Widerstandszahlen $\Sigma \zeta =$													
		1	2	3	4	5	6	7	8	9	10	11	12	13	14
$^3/_8''$ 10	11,25	0,20	0,40	0,60	0,80	1,00	1,20	1,40	1,60	1,80	2,0	2,2	2,40	2,60	2,80
$^1/_2''$ 15	14,75	0,30	0,60	0,90	1,20	1,50	1,80	2,10	2,40	2,70	3,0	3,30	3,60	3,90	4,20
$^3/_4''$ 20	19,75	0,45	0,90	1,35	1,80	2,25	2,70	3,15	3,60	4,05	4,5	4,95	5,40	5,85	6,30
1'' 25	25,5	0,65	1,30	1,95	2,60	3,25	3,90	4,55	5,20	5,85	6,5	7,15	7,80	8,45	9,10
$^5/_4''$ 32	34,25	1,00	2,00	3,00	4,00	5,00	6,00	7,00	8,00	9,00	10,0	11,0	12,0	13,0	14,0
$1^1/_2''$ 40	39,75	1,20	2,40	3,60	4,80	6,00	7,20	8,40	9,60	10,80	12,0	13,2	14,4	15,6	16,8
2'' 50	51,0	1,77	3,54	5,40	7,10	8,85	10,7	12,4	14,2	15,9	17,7	19,5	21,2	23,0	24,8
—	(57)	2,10	4,20	6,30	8,4	10,5	12,6	14,7	16,8	18,9	21,0	23,1	25,2	27,3	29,4
60	64	2,43	4,86	7,30	9,70	12,2	14,5	17,0	19,4	21,8	24,3	26,7	29,1	31,6	34,0
70	70	2,70	5,40	8,10	10,8	13,5	16,2	18,9	21,6	24,3	27,0	29,7	32,4	35,1	37,8
—	(76	3,20	6,40	9,60	12,8	16,0	19,2	22,4	25,6	28,8	32,0	35,2	38,4	41,6	44,8
80	82,5	3,60	7,20	10,8	14,4	18,0	21,6	25,2	28,8	32,4	36,0	39,5	43,2	46,8	50,4
—	(88)	4,00	8,00	12,0	16,0	20,0	24,0	28,0	32,0	36,0	40,0	44,0	48,0	52,0	56,0
90	94,5	4,30	8,60	12,9	17,2	21,5	25,8	30,1	34,4	38,6	43,0	47,2	51,5	56,0	60,0
100	100,5	4,80	9,60	14,4	19,2	24,0	28,8	33,6	38,4	43,2	48,0	52,8	57,5	62,4	67,0
—	(106)	5,20	10,4	15,6	20,8	26,0	31,2	36,4	41,7	47,0	52,0	67,0	62,4	67,6	73,0
110	113	5,60	11,2	16,8	22,4	28,0	33,6	39,2	44,8	50,4	56,0	61,5	67,0	73,0	78,0
120	119	5,90	11,8	17,7	23,6	29,5	35,4	41,3	47,2	53,1	59,0	65,0	71,0	77,0	82,5
125	125	6,40	12,8	19,2	25,6	32,0	38,4	44,8	51,2	57,6	64,0	70,5	77,0	83,0	90,0
130	131	6,90	13,8	20,7	27,6	34,5	41,4	48,3	55,2	62,0	69,0	76,0	83,0	90,0	97,0
140	143	7,80	15,6	23,4	31,2	39,0	47,0	55,0	62,4	70,0	78,0	86,0	94,0		
150	150	8,40	16,8	25,2	33,6	42,0	50,4	59,0	67,0	76,0	84,0	93,0			
160	162	9,35	18,7	28,0	37,4	46,7	56,0	65,5	75,0	84,0	93,5				
175	180	11,0	22,0	33,0	44,0	55,0	66,0	77	88,0	99,0					
200	203	13,0	26,0	39,0	52,0	65,0	78,0	91							
225	228	15,3	30,6	46,0	61,0	76,5	92,0								
250	253	18,0	36,0	54	72	90,0									
275	277	20,5	41,0	61,5	82,0										
300	302	22,5	45,0	67,6	90,0										

(Fortsetzung.) Tafel 2. Reibungs- und

Lichte Weite Zoll mm	Geförderte Wassermenge in l/h für R in mm WS/m =									
	0,9	1,0	1,2	1,4	1,6	1,8	2,0	2,3	2,6	3,0
$^3/_8''$	22	23	25	27	29	30	33	35	37	40
$^1/_2''$	43	47	51	55	60	63	65	70	78	81
$^3/_4''$	95	101	115	125	135	140	150	160	170	180
1''	200	210	230	250	260	280	300	320	345	370
$^5/_4''$	435	455	500	550	600	635	665	710	760	825
$1^1/_2''$	650	705	755	875	900	950	1 000	1 075	1 150	1 250
2''	1 300	1 375	1 500	1 650	1 800	1 850	2 000	2 100	2 250	2 500
(57)	1 750	1 850	2 100	2 200	2 350	2 550	2 700	2 900	3 100	3 300
64	2 400	2 550	2 800	3 000	3 250	3 500	3 700	4 000	4 250	4 500
70	3 050	3 250	3 600	3 850	4 250	4 500	4 600	5 000	5 350	5 750
(76)	3 950	4 200	4 600	5 000	5 250	5 550	6 000	6 500	6 850	7 500
82,5	4 900	5 050	5 550	6 100	6 550	7 000	7 350	7 600	8 000	9 000
(88)	5 900	6 250	6 850	7 500	8 000	8 500	9 000	9 600	10 350	11 100
94,5	7 000	7 500	8 200	8 800	9 500	10 250	11 000	11 500	12 500	13 500
100,5	8 250	8 600	9 500	10 500	11 300	12 000	12 500	13 750	14 500	15 500
(106)	9 500	10 250	11 250	12 000	13 150	14 000	14 500	15 500	17 000	18 000
113	11 500	12 000	13 500	14 500	15 500	16 500	17 500	18 500	20 000	21 500
119	13 500	14 000	15 500	16 500	18 000	19 000	20 000	22 000	23 000	25 000
125	15 000	16 000	17 500	18 500	21 000	22 000	23 000	25 000	26 500	28 000
131	17 000	18 000	20 000	21 500	23 000	24 500	26 000	27 500	30 000	32 000
143	22 000	23 000	25 500	27 500	30 000	32 000	33 500	35 500	38 000	41 000
150	25 000	26 500	29 000	31 000	33 500	35 500	37 000	40 000	42 500	45 500
162	30 000	32 500	35 000	38 000	41 000	43 500	46 000	50 000	52 500	55 000
180	41 000	43 000	45 000	51 000	55 000	57 500	60 500	66 000	71 000	75 500
203	55 500	60 000	65 000	71 000	77 500	80 500	85 000	91 000	100 000	105 000
228	75 500	80 000	90 000	95 500	101 500	110 000	115 000	126 000	135 000	145 000
253	102 500	106 500	120 000	130 500	140 000	150 000	155 000	165 000	175 000	195 000
277	135 000	140 000	155 000	170 000	180 000	190 000	200 000	215 000	225 000	250 000
302	165 000	175 000	190 000	210 000	225 000	240 000	250 000	270 000	285 000	310 000

Einzelwiderstände der Rohrleitungen.

Nenn-durch-messer	Lichte Weite mm	Einzelwiderstände in gleichwertigen Rohrlängen l_g in m für die Widerstandszahlen $\Sigma\zeta=$													
		1	2	3	4	5	6	7	8	9	10	11	12	13	14
$^3/_8''$ 10	11,25	0,22	0,44	0,66	0,88	1,10	1,32	1,54	1,76	1,98	2,20	2,42	2,64	2,86	3,08
$^1/_2''$ 15	14,75	0,32	0,64	0,96	1,28	1,60	1,92	2,24	2,56	2,88	3,20	3,52	3,74	4,16	4,48
$^3/_4''$ 20	19,75	0,49	0,98	1,47	1,96	2,45	2,94	3,43	3,92	4,40	4,90	5,40	5,90	6,37	6,86
$1''$ 25	25,5	0,71	1,42	2,12	2,83	3,54	4,25	4,96	5,67	6,38	7,10	7,80	8,50	9,20	9,90
$^5/_4''$ 32	34,25	1,10	2,20	3,30	4,40	5,50	6,60	7,70	8,80	9,9	11,00	12,1	13,2	14,3	15,4
$1^1/_2''$ 40	39,75	1,34	2,68	4,02	5,36	6,70	8,04	9,40	10,7	12,1	13,4	14,7	16,1	17,4	18,7
$2''$ 51	51,0	1,95	3,90	5,85	7,80	9,75	11,7	13,7	15,6	17,5	19,5	21,4	23,4	25,4	27,3
—	(57)	2,27	4,54	6,80	9,10	11,4	13,6	15,9	18,2	20,4	22,7	25,0	27,2	29,5	31,8
60	64	2,70	5,40	8,10	10,8	13,5	16,2	18,9	21,6	24,3	27,0	29,7	32,4	35,1	37,8
70	70	3,06	6,12	9,20	12,2	15,3	18,3	21,4	24,4	27,6	30,6	33,6	36,7	39,8	42,8
—	(76)	3,50	7,00	10,5	14,0	17,5	21,0	24,5	28,0	31,5	35,0	38,5	42,0	45,5	49,0
80	82,5	3,92	7,84	11,7	15,7	19,6	23,5	27,4	31,3	35,3	39,2	43,0	47,0	51,0	55,0
—	(88)	4,33	8,66	13,0	17,3	21,6	26,0	30,3	34,6	39,0	43,3	47,7	52,0	56,4	60,7
90	94,5	4,80	9,60	14,4	19,2	24,0	28,8	33,6	38,4	43,2	48,0	53,0	57,6	62,0	67,0
100	100,5	5,20	10,4	15,6	20,8	26,0	31,2	36,4	41,6	47,0	52,0	57,0	62,3	67,5	72,8
—	(106)	5,70	11,4	17,1	22,8	28,5	34,2	40,0	45,6	51,3	57,0	62,6	68,3	74,0	80,0
110	113	6,20	12,4	18,6	24,8	31,0	37,2	43,4	49,6	55,7	62,0	68,0	74,0	81,0	87,0
120	119	6,64	13,3	19,9	26,6	33,2	39,8	46,5	53,2	59,8	66,4	73,0	80,0	86,0	93,0
125	125	7,20	14,4	21,6	28,8	36,0	43,2	50,4	57,5	64,7	72,0	79,0	87,0	94,0	
130	131	7,63	15,3	22,9	30,5	38,1	45,8	53,4	61,0	68,6	76,3	84,0	92,0	99,0	
140	143	8,65	17,3	26,0	34,6	43,3	52,0	50,6	69,2	78,0	86,5	95			
150	150	9,32	18,6	27,9	37,2	46,5	56,0	65,2	74,5	84,0	93,2				
160	162	10,3	20,6	30,9	41,2	51,5	61,8	72,0	82,5	93,0					
175	180	12,1	24,2	36,4	48,5	60,5	72,7	97,0							
200	203	14,4	28,8	43,3	57,7	72,0	87,0								
225	228	17,2	34,4	51,6	69,0	86,0									
250	253	20,1	40,2	60,4	80,5										
275	277	22,7	45,4	68,0	91,0										
300	302	25,8	51,6	87,5											

(Fortsetzung.) T a f e l 2. Reibungs- und

Lichte Weite Zoll mm	Geförderte Wassermenge in l/h für R in mm WS/m =									
	3.5	4,0	4,5	5,0	6,0	7,0	8.0	9,0	10	12
$^3/_8''$	43	48	50	52	57	63	68	72	76	84
$^1/_2''$	89	95	103	110	120	130	140	150	155	170
$^3/_4''$	200	215	230	245	265	290	310	325	350	380
$1''$	400	430	460	485	525	575	625	665	700	775
$^5/_4''$	890	955	1 020	1 075	1 200	1 300	1 400	1 500	1 600	1 750
$1^1/_2''$	1 350	1 450	1 550	1 600	1 800	1 950	2 100	2 250	2 350	2 600
$2''$	2 700	2 850	3 050	3 200	3 550	3 800	4 100	4 400	4 650	5 100
(57)	3 650	3 850	4 400	4 550	4 750	5 150	5 550	6 000	6 300	7 000
64	5 000	5 300	5 550	6 000	6 550	7 150	7 700	8 150	8 600	9 500
70	6 300	6 800	7 250	7 600	8 300	9 000	9 750	10 500	11 000	12 100
(76)	8 050	8 600	9 250	9 750	10 750	11 750	12 750	13 500	14 200	15 500
82,5	10 000	10 700	11 450	12 000	13 500	14 500	15 500	16 500	17 500	19 000
(88)	12 000	13 000	14 000	14 500	16 000	18 000	19 000	20 000	21 000	23 500
94,5	14 500	15 500	16 500	17 500	19 000	21 000	23 000	24 500	25 500	28 000
100,5	17 500	18 000	19 500	20 500	23 000	25 000	27 000	28 000	30 000	33 000
(106)	20 000	21 500	22 500	24 000	26 500	28 500	31 000	32 500	35 000	38 000
113	23 500	25 000	27 000	28 000	30 500	33 500	36 500	38 500	41 000	45 000
119	27 000	29 000	31 000	32 500	36 000	39 500	42 500	45 000	47 500	51 500
125	30 500	33 000	35 500	37 000	41 000	45 000	48 000	50 500	54 000	59 500
131	35 000	37 500	40 000	42 500	46 000	50 000	53 500	57 000	60 000	66 500
143	45 000	48 000	50 500	54 000	59 500	65 000	70 000	75 000	79 000	85 000
150	50 000	54 000	56 000	60 500	66 000	73 500	79 500	84 500	87 500	95 500
162	61 000	66 000	71 000	75 000	81 500	90 000	95 000	102 500	110 000	120 000
180	81 500	89 000	95 000	100 000	110 000	120 000	130 000	140 000	147 500	160 000
203	115 500	125 000	134 500	140 000	155 000	170 000	180 000	190 000	200 000	225 000
228	160 000	170 000	180 000	190 000	210 000	225 000	250 000	265 000	275 000	305 000
253	210 000	225 000	240 000	255 000	275 000	305 000	325 000	350 000	370 000	405 000
277	270 000	290 000	310 000	325 000	360 000	385 000	420 000	450 000	475 000	515 000
302	335 000	370 000	390 000	410 000	455 000	495 000	530 000	555 000	600 000	650 000

Einzelwiderstände der Rohrleitungen.

Nenn-durch-messer	Lichte Weite mm	Einzelwiderstände in gleichwertigen Rohrlängen l_g in m für die Widerstandszahlen $\Sigma\,\zeta =$													
		1	2	3	4	5	6	7	8	9	10	11	12	13	14
3/8" 10	11,25	0,24	0,48	0,72	0,96	1,20	1,44	1,68	1,92	2,16	2,40	2,64	2,88	3,12	3,36
1/2" 15	14,75	0,36	0,72	1,08	1,44	1,80	2,16	2,52	2,88	3,24	3,60	3,95	4,32	4,67	5,04
3/4" 20	19,75	0,55	1,10	1,65	2,20	2,75	3,30	3,85	4,40	4,95	5,50	6,05	6,60	7,15	7,70
1" 25	25,5	0,79	1,58	2,37	3,16	3,95	4,74	5,53	6,30	7,10	7,90	8,70	9,50	10,3	11,1
5/4" 32	34,25	1,20	2,40	3,60	4,80	6,00	7,20	8,40	9,60	10,8	12,0	13,2	14,4	15,6	16,8
1½" 40	39,75	1,50	3,00	4,5	6,0	7,5	9,0	10,5	12,0	13,5	15,0	16,5	18,0	19,5	21,0
2" 50	51,0	2,17	4,34	6,50	8,7	10,8	13,0	15,2	17,3	19,5	21,7	23,8	26,0	28,2	30,4
—	(57)	2,55	5,10	7,65	10,2	12,8	15,3	17,9	20,4	23	25,5	28,0	30,6	33,1	35,7
60	64	3,00	6,00	9,00	12,0	15,0	18,0	21,0	24,0	27	30,0	33,0	36,0	39,0	42,0
70	70	3,35	6,70	10,0	13,4	16,7	20,1	23,0	26,8	30,1	33,5	37,0	40,0	43,6	47,0
—	(76)	3,95	7,90	11,8	15,8	19,7	23,7	27,8	31,5	35,5	39,5	43,5	47,5	51,5	55,3
80	82,5	4,40	8,80	13,2	17,6	22,0	26,4	30,8	35,2	39,6	44,0	48,5	52,8	57,1	61,5
—	(88)	5,00	10,0	15,0	20,0	25,0	30,0	35,0	40,0	45,0	50,0	55,0	60,0	65,0	70,0
90	94,5	5,30	10,6	15,9	21,2	26,5	31,8	37,1	42,3	47,7	53,0	58,0	63,5	69,0	74,0
100	100,5	5,80	11,6	17,4	23,2	29,0	34,8	40,5	46,3	52,0	58,0	64,0	70,0	76,0	81,0
—	(106)	6,30	12,6	18,9	25,2	31,5	37,8	44,0	50,4	56,7	63,0	69,0	76,0	82,0	88,0
110	113	6,90	13,8	20,7	27,6	34,5	41,4	48,3	55,2	62,0	69,0	76,0	83,0	90,0	97
120	119	7,45	14,9	22,4	29,8	37,2	44,7	52,2	59,5	67,0	74,5	82,0	89,0	97	
125	125	7,95	15,9	23,8	31,8	39,8	47,7	55,6	63,6	71,5	79,5	88,0	95,0		
130	131	8,50	17,0	25,5	34,0	42,5	51,0	59,5	68,0	76,5	85,0	94,0			
140	143	9,70	19,4	29,1	38,8	48,5	58,2	68,0	77,6	87,0	97,0				
150	150	10,4	20,8	31,2	41,7	52,0	62,5	73,0	83,0	94,0					
160	162	11,5	23,0	34,4	46,0	57,5	69,0	80,5	92,0						
175	180	13,5	27,0	40,5	54,0	67,5	81,0	95,0							
200	203	15,6	31,2	47,0	62,5	78,0	93,5								
225	228	19,2	38,4	57,7	77,0	96,0									
250	253	22,0	44,0	66,0	88,0										
275	277	24,6	29,2	74,0	99,0										
300	302	27,5	55,0	83,0											

(Fortsetzung.) Tafel 2. Reibungs- und Einzelwiderstände der Rohrleitungen.

Lichte Weite Zoll mm	Geförderte Wassermenge in l/h für R in mm WS/m =									
	14	16	18	20	23	26	30	35	40	45
$3/8''$	90	95	103	110	118	130	138	150	160	175
$1/2''$	185	200	220	230	250	270	290	310	325	365
$3/4''$	415	450	475	500	545	580	650	700	745	800
$1''$	845	900	955	1 000	1 100	1 200	1 300	1 400	1 500	1 600
$5/4''$	1 850	2 000	2 200	2 300	2 500	2 600	2 850	3 100	3 200	3 500
$1^1/_2''$	2 800	3 050	3 250	3 450	3 700	3 900	4 250	4 700	5 000	5 200
$2''$	5 500	6 000	6 500	6 750	7 350	7 750	8 400	9 000	9 800	10 500
(57)	7 600	8 050	8 650	9 050	10 000	10 550	11 500	12 500	13 500	14 500
64	10 500	11 250	12 000	12 500	13 050	14 500	16 000	17 000	18 000	19 500
70	13 500	14 250	15 500	16 000	17 500	18 500	20 000	22 000	23 000	25 000
(76)	17 000	18 000	19 500	20 500	22 500	24 000	26 000	28 000	30 000	32 000
82,5	21 000	22 500	24 000	25 500	27 500	29 500	31 500	34 500	36 500	39 000
(88)	25 500	27 500	29 000	30 500	33 000	35 000	38 000	41 500	44 500	47 500
94,5	30 500	33 000	35 500	37 000	40 000	42 500	45 500	50 000	53 500	56 500
100,5	36 000	38 000	41 000	43 000	46 500	50 000	53 500	58 500	62 500	66 000
(106)	42 000	44 500	47 000	50 000	53 500	56 500	62 500	67 500	72 500	76 000
113	49 500	52 500	55 500	59 000	64 000	67 500	74 500	80 000	85 000	90 000
119	56 000	60 500	65 000	68 500	74 000	79 500	85 000	91 500	99 000	105 000
125	65 000	70 000	75 000	77 500	83 000	89 000	95 500	105 000	112 500	120 000
131	73 000	77 500	84 000	87 500	95 000	101 000	110 000	120 000	130 000	137 500
143	92 500	100 000	107 500	114 500	125 000	130 000	142 500	155 000	165 000	175 000
150	105 500	115 000	122 500	130 000	140 000	149 000	160 000	175 000	185 000	
162	130 000	140 000	150 000	160 000	170 000	180 000	195 000	210 000		
180	175 000	190 000	205 000	210 000	230 000	240 000	265 000			
203	240 000	260 000	280 000	295 000	320 000	360 000				
228	330 000	360 000	380 000	405 000	430 000					
253	450 000	475 000	500 000	525 000						
277	555 000	600 000	650 000							
302	705 000	755 000								

Tafel 3. Widerstandzahlen ζ.

1. Krümner bis 25 mm l. W. . . . . $\zeta = 1$
2. über 25 mm l. W. . . . . $\zeta = 0,5$
3. Knie bis 25 mm l. W. . . . . $\zeta = 1,5$
4. über 25 mm l. W. . . . . $\zeta = 1$
5. Muffe . . . . $\zeta = 0$
6. Stockwerkbogen . . . . $\zeta = 0,5$
7. Doppelkrümner $= 2$ Krümmern bzw. 2 Knieen
8. T-Stück, Durchgang . . . . $\zeta = 1,0$
   Abzweig . . . . $\zeta = 1,5$

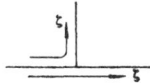

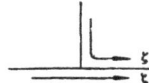

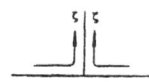

Trennung   Zusammenfluß

9. T-Stück, Gegenlauf . . . . $\zeta = 3$

Trennung   Zusammenfluß

10. Hosenstück, Gegenlauf . . . . $\zeta = 1,5$
11. Strangabsperrschieber . . . . $\zeta = 1$
12. Kesselabsperrschieber . . . . $\zeta = 0,5$
13. Schrägsitzventile . . . . $\zeta = 3$
14. Absperrventile bis 25 mm l. W. . . . . . $\zeta = 14$
15. über 25 mm l. W. . . . . . $\zeta = 8$
16. Heizkörperdurchgangshähne . . . . . . $\zeta = 3$
17. Heizkörpereckhähne . . . . $\zeta = 5$
    Heizkörperdurchgangsventile
18. für Schwerkraftheizung . . . . . . $\zeta = 7,5$
19. für Pumpenheizung . . . . $\zeta = 14$
    Heizkörpereckventile
20. für Schwerkraftheizung . . . . . . $\zeta = 3$
21. für Pumpenheizung . . . . $\zeta = 8$
22. Kessel . . . . $\zeta = 2,5$
23. Radiatoren . . . . $\zeta = 3,0$

Tafel 4a. Annahme der Rohrweiten bei Schwerkraftheizung. Entfernung E bis 7,5 m. Wärmemengen in kcal/h.

Rohr-durchm.	1,5	1,75	2,0	2,25	2,5	2,75	3,0	3,5	4,0	4,5	5,0	6,0	7,0
						Mittlerer Abstand des niedrigsten Heizkörpers von Kessel h in m =							
$^3/_4''$	1 250	1 350	1 500	1 600	1 700	1 750	1 800	2 020	2 150	2 300	2 500	2 700	2 900
$1''$	2 500	2 800	3 000	3 300	3 400	3 500	3 600	4 200	4 300	4 600	5 000	5 200	5 800
$^5/_4''$	5 600	6 000	6 700	7 400	7 600	7 900	8 200	9 100	9 600	10 000	11 000	12 000	13 100
$1^1/_2''$	8 500	9 000	10 000	10 900	11 300	11 900	12 400	14 000	14 600	15 100	17 000	18 000	19 200
$2''$	16 500	18 000	20 000	21 500	22 500	23 500	24 000	27 500	28 600	30 000	33 000	36 000	38 000
57	22 500	24 000	27 300	29 200	31 000	32 000	33 000	37 000	39 000	42 000	44 000	47 000	53 000
64	30 000	33 000	37 000	40 000	42 000	43 000	45 000	51 000	53 000	56 000	60 000	65 000	71 000
70	40 000	42 000	47 000	51 000	54 000	55 000	57 000	65 000	68 000	72 000	77 000	85 000	90 000
76,5	51 000	55 000	61 000	66 000	70 000	71 000	75 000	84 000	86 000	92 000	100 000	105 000	117 000
82,5	62 000	67 000	75 000	81 000	85 000	88 000	91 000	101 000	106 000	111 000	122 000	131 000	142 000

Tafel 4b. Annahme der Rohrweiten bei Schwerkraftheizung. Entfernung E von 7,5 bis 15 m. Wärmemengen in kcal/h.

Rohr-durchm.	1,5	1,75	2,0	2,25	2,5	2,75	3,0	3,5	4,0	4,5	5,0	6,0	7,0
						Mittlerer Abstand des niedrigsten Heizkörpers vom Kessel h in m =							
$^3/_4''$	1 030	1 120	1 190	1 250	1 350	1 400	1 500	1 600	1 750	1 800	1 900	2 150	2 350
$1''$	2 100	2 300	2 400	2 500	2 800	2 900	3 000	3 300	3 500	3 600	4 000	4 300	4 700
$^5/_4''$	4 600	5 100	5 300	5 600	6 000	6 400	6 700	7 400	7 900	8 200	8 700	9 600	10 500
$1^1/_2''$	7 000	7 600	8 000	8 500	9 000	9 500	10 000	10 900	11 900	12 200	13 000	14 600	15 700
$2''$	14 000	15 100	15 900	16 500	18 000	19 000	20 000	21 500	23 500	24 000	26 000	28 600	31 000
57	18 600	20 600	21 200	22 500	24 000	26 000	27 300	29 200	32 000	33 000	35 000	39 000	42 000
64	26 000	28 200	29 000	30 000	33 000	35 000	37 000	40 000	43 000	45 000	48 000	53 000	58 000
70	33 000	36 000	37 000	40 000	42 000	45 000	47 000	51 000	55 000	57 000	61 000	68 000	74 000
76,5	42 000	46 000	48 000	51 000	55 000	57 000	61 000	66 000	71 000	75 000	79 000	86 000	95 000
82,5	52 000	56 000	58 000	62 000	67 000	71 000	75 000	81 000	88 000	91 000	98 000	106 000	117 000
88	64 000	69 000	72 000	76 000	81 000	86 000	92 000	100 000	107 000	110 000	118 000	131 000	142 000
94,5	75 000	83 000	87 000	91 000	96 000	102 000	107 000	120 000	128 000	131 000	140 000	155 000	170 000
100	90 000	98 000	100 000	104 000	112 000	120 000	130 000	139 000	151 000	155 000	165 000	181 000	200 000

Tafel 4c. Annahme der Rohrweiten bei Schwerkraftheizung. Entfernung E von 15 bis 25 m. Wärmemengen in kcal/h.

Mittlerer Abstand des niedrigsten Heizkörpers von Kessel h in m =

Rohr-durchm.	1,5	1,75	2,0	2,25	2,5	2,75	3,0	3,5	4,0	4,5	5,0	6,0	7,0
3/4″	740	840	870	910	1 000	1 050	1 070	1 190	1 250	1 350	1 400	1 560	1 700
1″	1 500	1 620	1 710	1 810	2 000	2 100	2 200	2 400	2 500	2 800	2 900	3 200	3 400
5/4″	3 400	3 700	3 900	4 100	4 500	4 600	4 900	5 300	5 600	6 000	6 400	7 100	7 600
1 1/2″	5 000	5 500	5 800	6 100	6 600	7 000	7 200	8 000	8 500	9 000	9 500	10 500	11 300
2″	9 700	10 800	11 300	12 000	13 400	14 000	14 200	15 900	16 500	18 000	19 000	21 000	22 500
57	13 200	15 000	15 700	16 500	18 000	18 600	19 500	21 200	22 500	24 000	26 000	29 000	31 000
64	18 100	20 500	21 300	22 200	25 000	26 000	27 000	29 000	30 000	33 000	35 000	39 000	42 000
70	23 500	26 000	28 000	29 000	32 000	33 000	34 000	37 000	40 000	42 000	45 000	50 000	54 000
76	30 000	33 000	36 000	37 000	41 000	42 000	44 000	48 000	51 000	55 000	57 000	63 000	70 000
82	37 000	41 000	43 000	45 000	50 000	52 000	54 000	58 000	62 000	67 000	71 000	77 000	85 000
88	45 000	50 000	52 000	55 000	60 000	64 000	65 000	72 000	76 000	81 000	86 000	95 000	103 000
94	54 000	59 000	63 000	66 000	73 000	75 000	78 000	87 000	91 000	96 000	102 000	111 000	122 000
100	64 000	70 000	74 000	77 000	85 000	90 000	92 000	100 000	104 000	112 000	120 000	132 000	144 000
106	74 000	81 000	86 000	91 000	100 000	102 000	105 000	118 000	121 000	132 000	141 000	153 000	166 000
113	86 000	96 000	101 000	107 000	118 000	120 000	126 000	140 000	150 000	160 000	165 000	180 000	200 000
119	100 000	110 000	117 000	121 000	135 000	140 000	145 000	160 000	170 000	185 000	192 000	210 000	230 000
125	113 000	126 000	134 000	142 000	155 000	160 000	166 000	180 000	191 000	210 000	220 000	240 000	270 000

Tafel 4d. Annahme der Rohrweiten bei Schwerkraftheizung. Entfernung E von 25 bis 40 m. Wärmemengen in kcal/h.

Mittlerer Abstand des niedrigsten Heizkörpers von Kessel h in m =

Rohrdurchm.	1,5	1,75	2,0	2,25	2,5	2,75	3,0	3,5	4,0	4,5	5,0	6,0	7,0
3/4″	600	660	690	740	800	850	870	950	1010	1070	1120	1250	1350
1″	1190	1310	1400	1500	1600	1680	1710	1900	2020	2200	2300	2500	2800
5/4″	2700	3000	3200	3400	3600	3800	3900	4300	4600	4900	5100	5600	6000
1½″	4100	4500	4700	5000	5400	5700	5800	6500	6900	7200	7600	8500	9000
2″	8000	8800	9100	9700	10400	11000	11300	13000	13700	14200	15100	16500	18000
57	10900	12000	12500	13200	14300	15200	15700	17100	18200	19500	20600	22500	24000
64	14600	16000	17000	18100	19500	20900	21300	24000	25200	27000	28200	30000	33000
70	18600	20500	22000	23500	25000	26800	28000	30000	32000	34000	36000	40000	42000
76	25000	26000	28000	30000	32000	34000	36000	39000	41000	44000	46000	51000	55000
82	29000	32000	34000	37000	39000	42000	43000	48000	51000	54000	56000	62000	67000
88	36000	40000	43000	45000	47000	51000	53000	57000	61000	65000	69000	76000	81000
94	45000	47000	51000	54000	57000	61000	63000	70000	73000	78000	83000	91000	96000
100	50000	56000	60000	64000	68000	72000	74000	81000	87000	92000	98000	104000	112000
106	58000	65000	68000	74000	79000	84000	86000	94000	100000	105000	111000	121000	132000
113	70000	76000	80000	86000	94000	99000	101000	110000	119000	126000	134000	150000	160000
119	80000	90000	93000	100000	107000	113000	117000	130000	139000	145000	156000	170000	185000
125	90000	100000	106000	113000	122000	131000	134000	150000	157000	166000	175000	191000	210000
131	102000	111000	120000	131000	140000	150000	154000	166000	176000	185000	200000	220000	235000
143	131000	150000	155000	169000	180000	190000	198000	215000	226000	240000	265000	282000	300000
150	151000	170000	175000	190000	205000	215000	220000	240000	265000	280000	295000	320000	340000

Tafel 4e. Annahme der Rohrweiten bei Schwerkraftheizung. Entfernung E von 40 bis 60 m. Wärmemengen in kcal/h.

Mittlerer Abstand des niedrigsten Heizkörpers von Kessel h in m =

Rohr-durchm.	1,5	1,75	2,0	2,25	2,5	2,75	3,0	3,5	4,0	4,5	5,0	6,0	7,0
3/4″	470	520	570	600	640	660	690	740	800	870	910	1000	1070
1″	950	1020	1120	1190	1260	1310	1400	1500	1600	1710	1810	2000	2200
5/4″	2120	2300	2600	2700	2850	3000	3200	3400	3600	3900	4100	4500	4900
1½″	3200	3500	3800	4100	4300	4500	4700	5000	5400	5800	6100	6600	7200
2″	6400	6900	7500	8000	8500	8800	9100	9700	10400	11300	12000	13400	14200
57	8600	9300	10200	10900	11300	12000	12500	13200	14300	15700	16500	18000	19500
64	11800	12800	14000	14600	15700	16000	17000	18100	19500	21300	22200	25000	27000
70	15000	16500	18000	18600	19200	20500	22000	23500	25000	28000	29000	32000	34000
76	19000	21000	23000	25000	26000	27000	28000	30000	32000	36000	37000	41000	44000
82	24000	26000	28000	29000	32000	33000	34000	37000	39000	43000	45000	50000	54000
88	29000	31000	35000	36000	38000	40000	43000	45000	47000	52000	55000	60000	65000
94	35000	37000	44000	45000	46000	47000	51000	54000	57000	63000	66000	73000	78000
100	40000	44000	49000	50000	53000	56000	60000	64000	68000	74000	77000	85000	92000
106	47000	51000	56000	58000	62000	65000	68000	74000	79000	86000	91000	100000	105000
113	56000	65000	67000	70000	74000	76000	80000	86000	94000	101000	107000	118000	126000
119	64000	70000	77000	80000	86000	90000	93000	100000	107000	117000	121000	135000	145000
125	74000	80000	88000	90000	98000	100000	106000	113000	122000	134000	142000	155000	166000
131	84000	90000	100000	102000	108000	111000	120000	130000	140000	152000	160000	172000	185000
143	106000	120000	130000	131000	142000	150000	155000	169000	180000	198000	206000	225000	240000
150	122000	135000	148000	151000	160000	170000	175000	190000	205000	220000	230000	255000	280000
162	150000	170000	175000	180000	198000	204000	215000	225000	250000	270000	285000	310000	340000
180	203000	230000	240000	250000	270000	280000	290000	320000	340000	370000	380000	420000	460000

Tafel 4f. Annahme der Rohrweiten bei Schwerkraftheizung. Entfernung E von 60 bis 100 m. Wärmemengen in kcal/h.

Rohr-durchm.	Mittlerer Abstand des niedrigsten Heizkörpers vom Kessel h in m =												
	1.5	1,75	2.0	2,25	2,5	2,75	3,0	3,5	4,0	4,5	5.0	6,0	7,0
3/4"	420	450	470	520	540	570	600	660	690	740	800	870	910
1"	840	910	950	1020	1060	1120	1190	1310	1400	1500	1600	1710	1810
5/4"	1800	2050	2120	2300	2400	2600	2700	3000	3200	3400	3600	3900	4100
1½"	2800	3100	3200	3500	3500	3800	4100	4500	4700	5000	5400	5800	6100
2"	5500	6000	6400	6900	7000	7500	8000	8800	9100	9700	10400	11300	12000
57	7500	8100	8600	9300	9600	10200	10900	12000	12500	13200	14300	15700	16500
64	10000	11000	11800	12800	13000	14000	14600	16000	17000	18100	19500	21300	22200
70	13000	14300	15000	16500	17000	18000	18600	20500	22000	23500	25000	28000	29000
76	17000	18000	19000	21000	21000	23000	25000	26000	28000	30000	32000	36000	37000
82	21000	22000	24000	26000	27000	28000	29000	32000	34000	37000	39000	43000	45000
88	25000	28000	29000	31000	32000	35000	36000	40000	43000	45000	47000	52000	55000
94	30000	33000	35000	37000	43000	44000	45000	47000	51000	54000	57000	63000	66000
100	36000	39000	40000	44000	45000	48000	50000	56000	60000	64000	68000	74000	77000
106	41000	45000	47000	51000	52000	56000	58000	65000	68000	74000	79000	86000	91000
113	50000	55000	56000	59000	61000	67000	70000	76000	80000	86000	94000	101000	107000
119	57000	63000	64000	68000	70000	77000	80000	90000	93000	100000	107000	117000	121000
125	65000	70000	74000	79000	81000	88000	90000	100000	106000	113000	122000	134000	142000
131	76000	80000	84000	88000	91000	99000	102000	111000	120000	130000	140000	152000	160000
143	94000	101000	106000	118000	120000	129000	131000	150000	155000	169000	180000	198000	206000
150	106000	118000	122000	134000	138000	148000	151000	170000	175000	190000	205000	220000	230000
162	130000	141000	150000	160000	166000	175000	180000	204000	215000	225000	250000	270000	285000
180	172000	192000	203000	215000	220000	240000	250000	280000	290000	320000	340000	370000	380000
203	240000	270000	280000	300000	310000	340000	350000	370000	400000	440000	470000	510000	530000
228	330000	370000	380000	410000	430000	450000	470000	530000	550000	600000	640000	690000	720000
253	440000	480000	510000	540000	550000	600000	620000	700000	720000	800000	850000	910000	980000

Tafel 5. Stränge und Heizkörperanschlüsse. Wärmemengen in kcal/h.

5a. Stränge Erdgeschoß bis I. Stock, Heizkörperanschlüsse I. Stock.

Geschoßhöhe von Fußb. bis Fußb. m	Lichter Rohrdurchmesser						
	$^3/_8''$	$^1/_2''$	$^3/_4''$	$1''$	$^5/_4''$	$1^1/_2''$	$2''$
2,5	650	1350	3100	6100	14000	21000	40000
3,0	680	1450	3200	6400	15000	22000	41000
3,5	700	1500	3400	6800	15500	23000	43000
4,0	740	1600	3500	7200	16000	24000	45000
4,5	780	1700	3700	7400	17000	25000	48000
5,0	800	1800	3800	7700	18000	26000	50000

5b. Stränge I. Stock bis II. Stock, Heizkörperanschlüsse II. Stock.

Geschoßhöhe von Fußb. bis Fußb. m	Lichter Rohrdurchmesser					
	$^3/_8''$	$^1/_2''$	$^3/_4''$	$1'$	$^5/_4''$	$1^1/_2''$
3,0	850	1800	4000	8000	18000	27000
4,0	880	1900	4200	8300	19000	28000
5,0	950	2000	4400	8700	20000	30000

5c. Stränge und Heizkörperanschlüsse bis V. bzw. VI. Stock und darüber.

Stränge	Heizkörper- anschlüsse	$^3/_8''$	$^1/_2''$	$^3/_4''$	$1''$	$^5/_4''$
II. bis III. Stock	III. Stock	1000	2200	5000	9700	22000
III. bis IV. Stock	IV. Stock	1300	2700	6000	12000	27000
IV. bis V. Stock und darüber	V. Stock	1400	3000	6700	13000	30000

Tafel 6. Wärmeverluste ΔW_R in kcal/h m für 1 m Rohr der Vor- und Rücklaufleitungen

Lichter Rohr-durch-messer	Vorlaufleitungen											
	im Dachgeschoß											
	Temperatur 0° $1-\eta =$				Temperatur $-5°$ $1-\eta =$				Temperatur $-10°$ $1-\eta =$			
	0,2	0,3	0,4	0,5	0,2	0,3	0,4	0,5	0,2	0,3	0,4	0,5
1	2	3	4	5	6	7	8	9	10	11	12	13
$^3/_8''$	13	19	26	32	14	21	28	35	15	23	30	38
$^1/_2''$	16	24	32	40	17	26	35	43	19	23	38	47
$^3/_4''$	20	31	41	51	23	34	45	57	24	37	49	61
$1''$	26	38	51	64	28	43	57	71	30	46	61	76
$^5/_4''$	32	48	64	80	35	53	70	88	38	57	76	95
$1^1/_2''$	36	54	72	90	39	59	79	98	43	64	85	107
$2''$	43	64	86	107	47	70	94	117	50	75	100	125
57,5	46	69	92	115	50	75	100	125	54	80	107	133
64	50	75	100	125	54	82	109	136	58	87	105	144
70	54	81	108	135	58	88	117	146	63	94	125	156
(76,5)	58	87	116	145	63	94	125	156	68	102	136	169
82	61	92	123	154	67	100	133	167	72	107	143	179
88	63	98	131	163	71	106	141	176	75	113	151	188
94,5	69	104	138	173	75	112	150	187	80	120	160	200
100,5	72	108	145	181	79	119	159	198	85	127	169	212
(106)	76	114	152	190	83	125	166	208	89	133	177	222
113	81	121	161	202	87	131	175	218	94	142	189	236
119	84	127	169	211	91	137	182	228	96	144	192	240
125	88	132	175	219	95	143	190	238	102	153	204	254
131	93	140	186	232	100	150	200	248	107	161	215	268
137	96	143	191	238	103	154	206	257	111	167	222	277
143	99	149	198	248	107	161	214	267	115	172	230	287
150	103	155	206	258	111	167	222	278	120	180	240	300
156	106	158	210	263	114	171	228	285	123	185	246	308
162	109	164	218	273	117	176	234	350	128	192	256	320
169	113	170	226	283	121	181	242	302	131	197	262	328
180	120	180	240	300	128	192	256	320	139	208	278	348
192	127	190	254	317	136	203	270	338	147	220	293	366

nach Art der Verlegung und für verschiedene Wirkungsgrade des Wärmeschutzes.

Vorlaufleitungen							Rücklaufleitungen						
im Keller				in den Räumen			im Keller				in den Räumen		
Temperatur 20° $1-\eta=$				frei verlegt	in Mauerschlitzen		Temperatur 20° $1-\eta=$				frei verlegt	in Mauerschlitzen	
0,2	0,3	0,4	0,5	nackt	nackt	iso-liert	0,2	0,3	0,4	0,5	nackt	nackt	iso-liert
14	15	16	17	18	19	20	21	22	23	24	25	26	27
10	14	19	24	48	28	14	6	8	11	14	28	19	7
12	18	24	30	59	35	18	7	10	14	17	36	23	9
15	23	31	38	76	45	23	9	14	18	23	46	29	12
19	29	38	48	96	57	27	10	15	20	25	58	38	15
24	36	48	50	119	70	36	14	21	28	35	71	48	19
26	40	53	66	132	80	39	16	24	32	41	81	54	21
31	47	63	79	157	95	47	19	28	38	49	96	66	26
34	51	68	84	168	102	51	20	31	42	52	103	70	28
36	55	73	91	182	111	55	22	33	45	57	113	76	30
39	59	78	98	196	120	59	24	36	49	61	122	82	32
42	64	85	106	212		64	26	40	53	65	132		
45	68	90	113	226		68	27	42	57	69	139		
48	72	95	119	238		72	29	44	58	73	148		
50	75	100	125	250		76	31	47	63	78	157		
53	79	105	131	263		79	32	49	66	82	166		
56	84	113	141	281		84	34	52	69	86	173		
59	88	118	147	294		88	36	55	72	90	182		
61	92	122	153	306		93	38	57	76	94	190		
64	96	127	160	319		97	39	60	79	99	198		
68	102	135	169	338		101	42	62	83	103	206		
69	104	137	173	346		105	43	64	86	106	214		
73	108	144	180	361		108	45	67	88	111	220		
75	112	149	187	373		113	47	69	92	116	227		
77	116	155	194	388		118	48	71	94	119	236		
80	120	159	199	398		119	49	73	97	124	224		
82	123	163	204	408		122	50	74	98	125			
87	130	174	217	435		130	53	80	107	133			
92	137	183	230	458		137	56	84	112	140			

Tafel 7. Annahme der Rohrweiten bei Stockwerkheizungen.

Wassermengen in l/h.

Lichter Rohrdurchmesser	Höhe h der Vorlaufleitung über Kesselmitte in m						
	1,5	2,0	2,5	3,0	3,5	4,0	4,5
$^1/_2''$	20	22	24	25	26	27	28
$^3/_4''$	40	43	45	49	51	54	57
1''	77	87	92	100	105	110	115
$^5/_4''$	175	198	202	226	236	250	262
$1^1/_2''$	265	298	312	343	357	375	400
2''	520	585	615	675	700	740	775
57	710	805	840	915	955	1010	1060
64	975	1045	1150	1250	1310	1380	1450
70	1235	1365	1450	1590	1650	1745	1835

Heizkörperzuleitungen eine Rohrweite geringer.

Tafel 8. Wärmeverluste ΔW_R in kcal/h m für die Vor- und Rücklaufleitungen der Stockwerkheizungen.

Durchmesser	$^1/_2''$	$^3/_4''$	1''	$^5/_4''$	$1^1/_2''$	2''	64	70
Vorlauf	54	67	83	99	115	139	157	164
Rücklauf	35	43	53	65	76	91	103	112

Tafel 9. Temperaturabfall $\Delta\vartheta_R$ je m Rohr für die Vorlaufleitungen von Stockwerkheizungen.

Wassermenge Q l/h	$\Delta\vartheta_R$ in °C/m für Durchmesser von							
	$\frac{1}{2}''$	$\frac{3}{4}''$	$1''$	$\frac{5}{4}''$	$1\frac{1}{2}''$	$2''$	64	70
20	2,70							
25	2,16							
30	1,80	2,23	2,76					
35	1,54	1,92	2,37					
40	1,35	1,68	2,08	2,48				
45	1,20	1,49	1,84	2,20				
50	1,08	1,34	1,76	1,98	2,30			
55	0,98	1,22	1,51	1,80	2,09			
60	0,90	1,12	1,38	1,65	1,92	2,30		
65	0,83	1,03	1,28	1,58	1,77	2,10		
70	0,77	0,96	1,19	1,42	1,64	2,00		
75	0,72	0,89	1,11	1,32	1,53	1,85		
80	0,68	0,84	1,04	1,24	1,44	1,74	1,87	
90	0,60	0,74	0,92	1,10	1,28	1,55	1,67	
100	0,54	0,67	0,83	0,99	1,15	1,39	1,50	1,64
120	0,45	0,56	0,69	0,83	0,96	1,16	1,25	1,37
140	0,39	0,48	0,59	0,71	0,82	0,99	1,07	1,17
160	0,34	0,42	0,52	0,62	0,72	0,87	0,94	1,03
180			0,46	0,55	0,64	0,77	0,83	0,91
200			0,42	0,50	0,57	0,70	0,75	0,82
220				0,45	0,52	0,63	0,68	0,75
240				0,41	0,48	0,58	0,63	0,68
260				0,38	0,44	0,53	0,58	0,63
280				0,35	0,41	0,50	0,54	0,58
300				0,33	0,38	0,46	0,50	0,55
350				0,28	0,33	0,40	0,43	0,47
400				0,25	0,29	0,35	0,38	0,41
500					0,23	0,28	0,30	0,33
600					0,19	0,23	0,25	0,27
800					0,14	0,17	0,19	0,21
1000					0,12	0,14	0,15	0,16
1250					0,09	0,11	0,12	0,13
1500						0,09	0,10	0,11
1750						0,08	0,09	0,09
2000						0,07	0,08	0,08

Tafel 10. Temperaturabfall $\Delta \vartheta_R$ je m Rohr für die Rücklaufleitungen von Stockwerkheizungen.

Wasser-menge Q l/h	$\Delta \vartheta_R$ in °C/m für Durchmesser von							
	$\frac{1}{2}''$	$\frac{3}{4}''$	$1''$	$\frac{3}{4}''$	$1\frac{1}{2}''$	$2''$	64	70
20	1,75							
25	1,40							
30	1,17	1,43						
35	1,00	1,23						
40	0,88	1,08	1,32					
45	0,78	0,96	1,18					
50	0,70	0,86	1,06	1,30				
55	0,64	0,78	0,96	1,18				
60	0,58	0,72	0,88	1,08	1,27			
65	0,54	0,66	0,81	1,00	1,17			
70	0,50	0,61	0,76	0,93	1,08			
75	0,47	0,57	0,71	0,87	1,01			
80	0,44	0,54	0,66	0,81	0,95	1,14		
90	0,39	0,48	0,59	0,72	0,84	1,01	1,14	
100	0,35	0,43	0,53	0,65	0,76	0,94	1,03	1,12
120	0,29	0,36	0,44	0,54	0,63	0,76	0,86	0,93
140	0,25	0,39	0,38	0,47	0,54	0,65	0,74	0,80
160	0,22	0,27	0,33	0,41	0,47	0,57	0,64	0,70
180		0,24	0,29	0,36	0,42	0,50	0,57	0,62
200		0,21	0,26	0,32	0,38	0,45	0,51	0,56
220		0,20	0,24	0,30	0,34	0,41	0,47	0,51
240			0,22	0,27	0,32	0,38	0,43	0,47
260			0,20	0,25	0,29	0,35	0,40	0,43
280				0,23	0,27	0,32	0,37	0,40
300				0,22	0,25	0,30	0,34	0,37
350				0,19	0,22	0,26	0,29	0,32
400				0,16	0,19	0,23	0,26	0,28
500				0,13	0,15	0,18	0,21	0,22
600					0,13	0,15	0,17	0,19
800					0,10	0,11	0,13	0,14
1000						0,09	0,10	0,11
1250						0,07	0,08	0,09
1500						0,06	0,07	0,07
1750						0,05	0,06	0,06
2000						0,04	0,05	0,05

Tafel 11. Vorbemessung der Rohrweiten bei Pumpenheizung unter Annahme der Wassergeschwindigkeiten.

Lichter Rohr-durchmesser	Geförderte stündliche Wärmemengen für einen Temperaturunterschied von 20° für Geschwindigkeiten v in m/s =									
	0,1	0,2	0,3	0,4	0,5	0,6	0,7	0,8	0,9	1,0
3/8"	720	1 440	2 160	2 880	3 600	4 300	5 050	5 750	6 500	7 200
1/2"	1 220	2 450	3 680	4 900	6 130	7 350	8 600	9 800	11 000	12 260
3/4"	2 230	4 450	6 700	8 900	11 150	13 400	15 600	17 800	20 000	22 300
1"	3 650	7 300	11 000	14 600	18 250	22 000	25 600	29 200	32 900	36 500
5/4"	6 620	13 200	19 800	26 500	33 100	39 700	46 500	53 000	59 500	66 200
1½"	8 920	17 800	26 800	35 500	44 600	53 500	62 500	71 300	80 500	89 200
2"	14 700	29 400	44 200	59 000	73 500	88 000	103 000	117 000	132 000	147 000
57	18 400	36 800	55 200	73 500	92 000	110 000	129 000	147 000	165 000	184 000
64	23 200	46 400	69 500	93 000	116 000	139 000	163 000	186 000	209 000	232 000
70	27 900	55 700	83 500	112 000	139 500	167 000	195 000	223 000	251 000	279 000
76	32 700	65 500	98 000	131 000	163 500	196 000	229 000	262 000	294 000	327 000
82	38 500	77 000	116 000	154 000	192 500	231 000	270 000	308 000	346 000	385 000
(88)	43 800	88 000	131 000	175 000	219 000	262 000	306 000	350 000	394 000	438 000
94	50 400	101 000	151 000	202 000	252 000	302 000	353 000	403 000	453 000	504 000
100	57 000	114 000	171 000	228 000	285 000	342 000	400 000	456 000	513 000	570 000
(106)	63 600	127 000	191 000	254 000	318 000	382 000	445 000	510 000	573 000	636 000
113	72 000	144 000	216 000	288 000	360 000	430 000	505 000	575 000	650 000	720 000
119	80 000	160 000	240 000	320 000	400 000	480 000	560 000	640 000	720 000	800 000
125	88 600	177 000	266 000	354 000	443 000	532 000	620 000	710 000	798 000	886 000
131	97 200	195 000	291 000	389 000	486 000	583 000	680 000	776 000	875 000	972 000
143	116 000	232 000	348 000	464 000	580 000	696 000	812 000	928 000	1 042 000	1 160 000
150	127 400	255 000	382 000	510 000	637 000	765 000	890 000	1 020 000	1 150 000	1 274 000
162	148 400	297 000	446 000	594 000	742 000	890 000	1 040 000	1 190 000	1 335 000	1 484 000
180	183 000	366 000	550 000	733 000	915 000	1 100 000	1 280 000	1 460 000	1 650 000	1 830 000
203	234 000	468 000	702 000	935 000	1 170 000	1 400 000	1 635 000	1 870 000	2 100 000	2 340 000
228	294 000	588 000	882 000	1 175 000	1 470 000	1 760 000	2 060 000	2 350 000	2 640 000	2 940 000
252	362 000	652 000	978 000	1 305 000	1 630 000	1 955 000	2 280 000	2 610 000	2 940 000	3 260 000
277	434 000	868 000	1 300 000	1 736 000	2 170 000	2 600 000	3 040 000	3 470 000	3 900 000	4 340 000
302	516 000	1 030 000	1 550 000	2 060 000	2 580 000	3 100 000	3 610 000	4 130 000	4 650 000	5 160 000

(Fortsetzung.) Tafel 11. Vorbemessung der Rohrweiten bei Pumpenheizung unter Annahme der Wassergeschwindigkeiten.

Geförderte stündliche Wärmemengen für einen Temperaturunterschied von 20° für Geschwindigkeiten v in m/s =

Lichter Rohr-durchmesser	1,1	1,2	1,3	1,4	1,5	1,6	1,7	1,8	1,9	2,0
3/8″	7 920	8 650	9 350	10 100	10 800	11 500	12 200	12 900	13 600	14 000
1/2″	13 500	14 700	16 000	17 200	18 400	19 600	20 900	22 100	23 400	24 600
3/4″	24 500	26 800	29 000	31 200	33 500	35 700	37 900	40 200	42 400	44 600
1″	40 000	44 000	47 500	51 000	55 000	58 500	62 000	66 000	69 500	73 000
5/4″	73 000	79 600	86 000	93 000	99 500	106 000	113 000	119 000	126 000	132 000
1½″	98 000	107 000	116 000	125 000	134 000	143 000	152 000	161 000	170 000	178 000
2″	162 000	176 000	191 000	206 000	221 000	235 000	250 000	265 000	280 000	294 000
57	202 000	221 000	240 000	258 000	276 000	294 000	313 000	331 000	350 000	368 000
64	256 000	279 000	302 000	325 000	348 000	372 000	395 000	418 000	441 000	465 000
70	306 000	334 000	362 000	390 000	417 000	446 000	474 000	502 000	530 000	557 000
76	360 000	393 000	425 000	458 000	490 000	524 000	556 000	590 000	622 000	655 000
82	424 000	462 000	500 000	540 000	578 000	616 000	655 000	694 000	731 000	770 000
(88)	483 000	527 000	570 000	615 000	660 000	703 000	746 000	790 000	835 000	880 000
94	555 000	605 000	655 000	706 000	756 000	807 000	857 000	908 000	960 000	1 010 000
100	627 000	685 000	740 000	798 000	855 000	912 000	970 000	1 025 000	1 080 000	1 140 000
(106)	706 000	765 000	830 000	892 000	955 000	1 020 000	1 080 000	1 140 000	1 210 000	1 270 000
113	792 000	865 000	935 000	1 010 000	1 080 000	1 150 000	1 220 000	1 290 000	1 360 000	1 400 000
119	880 000	960 000	1 040 000	1 120 000	1 200 000	1 280 000	1 360 000	1 440 000	1 520 000	1 600 000
125	975 000	1 062 000	1 150 000	1 240 000	1 330 000	1 420 000	1 510 000	1 595 000	1 680 000	1 770 000
131	1 070 000	1 170 000	1 260 000	1 360 000	1 460 000	1 550 000	1 650 000	1 750 000	1 850 000	1 950 000
143	1 270 000	1 390 000	1 510 000	1 620 000	1 740 000	1 850 000	1 970 000	2 090 000	2 200 000	2 320 000
150	1 400 000	1 530 000	1 660 000	1 780 000	1 910 000	2 040 000	2 170 000	2 300 000	2 420 000	2 550 000
162	1 630 000	1 780 000	1 930 000	2 080 000	2 230 000	2 380 000	2 520 000	2 670 000	2 820 000	2 970 000
180	2 020 000	2 200 000	2 380 000	2 560 000	2 750 000	2 930 000	3 110 000	3 300 000	3 480 000	3 660 000
203	2 570 000	2 810 000	3 040 000	3 270 000	3 500 000	3 740 000	3 980 000	4 210 000	4 450 000	4 680 000
228	3 240 000	3 530 000	3 820 000	4 120 000	4 420 000	4 700 000	5 000 000	5 300 000	5 600 000	5 900 000
252	3 590 000	3 920 000	4 240 000	4 560 000	4 890 000	5 220 000	5 550 000	5 880 000	6 200 000	6 520 000
277	4 780 000	5 210 000	5 650 000	6 070 000	6 520 000	6 950 000	7 380 000	7 810 000	8 250 000	8 680 000
302	5 670 000	6 200 000	6 700 000	7 220 000	7 750 000	8 250 000	8 780 000	9 300 000	9 800 000	10 300 000

(Fortsetzung.) Tafel 11. Vorbemessung der Rohrweiten bei Pumpenheizung unter Annahme der Wassergeschwindigkeiten.

Lichter Rohr-durchmesser	Geförderte stündliche Wärmemengen für einen Temperaturunterschied von 20° für Geschwindigkeiten v in m/s =									
	2,1	2,2	2,3	2,4	2,5	2,6	2,7	2,8	2,9	3,0
3/8''	15 100	15 800	16 500	17 300	18 000	18 700	19 400	20 200	20 800	21 600
1/2''	25 800	27 000	28 200	29 400	30 600	31 900	33 100	34 400	35 600	36 800
3/4''	47 000	49 000	51 300	53 500	56 000	58 000	60 000	62 500	64 700	67 000
1''	77 000	80 500	84 000	88 000	91 500	95 000	99 000	102 000	106 000	110 000
5/4''	139 000	146 000	152 000	159 000	165 000	172 000	179 000	185 000	192 000	198 000
1 1/2''	187 000	196 000	205 000	214 000	223 000	232 000	241 000	250 000	259 000	268 000
2''	309 000	324 000	338 000	353 000	368 000	382 000	397 000	412 000	427 000	442 000
57	387 000	405 000	424 000	442 000	460 000	480 000	497 000	515 000	534 000	552 000
64	488 000	511 000	535 000	557 000	580 000	605 000	627 000	650 000	674 000	697 000
70	585 000	613 000	640 000	670 000	697 000	725 000	752 000	780 000	808 000	836 000
76	687 000	720 000	752 000	786 000	820 000	850 000	885 000	915 000	950 000	980 000
82	810 000	847 000	886 000	925 000	964 000	1 000 000	1 040 000	1 080 000	1 120 000	1 156 000
(88)	922 000	966 000	1 010 000	1 050 000	1 093 000	1 140 000	1 180 000	1 225 000	1 270 000	1 310 000
94	1 060 000	1 110 000	1 160 000	1 210 000	1 260 000	1 310 000	1 360 000	1 410 000	1 460 000	1 510 000
100	1 200 000	1 252 000	1 310 000	1 370 000	1 425 000	1 480 000	1 540 000	1 600 000	1 650 000	1 710 000
(106)	1 340 000	1 400 000	1 460 000	1 530 000	1 590 000	1 650 000	1 720 000	1 780 000	1 850 000	1 910 000
113	1 510 000	1 580 000	1 650 000	1 730 000	1 800 000	1 870 000	1 940 000	2 020 000	2 080 000	2 160 000
119	1 680 000	1 760 000	1 840 000	1 920 000	2 000 000	2 080 000	2 160 000	2 240 000	2 320 000	2 400 000
125	1 860 000	1 950 000	2 040 000	2 120 000	2 220 000	2 300 000	2 390 000	2 480 000	2 570 000	2 660 000
131	2 040 000	2 140 000	2 240 000	2 330 000	2 430 000	2 530 000	2 620 000	2 720 000	2 820 000	2 920 000
143	2 440 000	2 550 000	2 670 000	2 780 000	2 900 000	3 020 000	3 130 000	3 250 000	3 360 000	3 480 000
150	2 680 000	2 800 000	2 930 000	3 060 000	3 190 000	3 320 000	3 440 000	3 570 000	3 700 000	3 830 000
162	3 120 000	3 270 000	3 420 000	3 570 000	3 710 000	3 860 000	4 000 000	4 160 000	4 310 000	4 450 000
180	3 850 000	4 030 000	4 210 000	4 400 000	4 580 000	4 760 000	4 950 000	5 130 000	5 310 000	5 500 000
203	4 810 000	5 150 000	5 380 000	5 610 000	5 850 000	6 080 000	6 310 000	6 550 000	6 780 000	7 020 000
228	6 180 000	6 460 000	6 760 000	7 060 000	7 350 000	7 650 000	7 950 000	8 250 000	8 530 000	8 830 000
252	6 850 000	7 180 000	7 500 000	7 820 000	8 150 000	8 480 000	8 800 000	9 130 000	9 450 000	9 780 000
277	9 110 000	9 550 000	10 000 000	10 400 000	10 830 000	11 300 000	11 700 000	12 150 000	12 580 000	13 000 000
302	10 820 000	11 350 000	11 850 000	12 380 000	12 900 000	13 400 000	13 900 000	14 450 000	14 950 000	15 500 000

Tafel 12. Bemessung der Sicherheitsleitungen für Warmwasserheizungen
nach DIN 4751.

Rohrdurchmesser		Kesselleistung kcal/h	
Nennweite	lichte Weite	Sicherheits-Vorlaufleitung	Sicherheits-Rücklaufleitung
25	1″	50 000	100 000
32	⁶/₄″	130 000	290 000
40	1¹/₂″	280 000	630 000
50	2″	550 000	1 230 000
60	64	900 000	2 000 000
70	70	1 400 000	3 000 000
80	82,5	1 900 000	4 200 000
90	94,5	2 500 000	5 600 000
100	100,5	3 200 000	7 200 000
110	113	4 000 000	9 000 000

Waagerechte Strecken sind mit Steigung zu verlegen, daß Luftansammlungen nicht eintreten können.

Bei Stockwerkheizungen gilt als Sicherheitsrücklaufleitung ein unabsperrbarer Wasserumlauf durch einen Heizkörper mit einem Rohranschluß von mindestens 25 mm.

Tafel 13. Mehrfachzahlen m für Warmwasserheizungen mit beschleunigtem Umlauf bei verschiedenen Pumpendrücken.

Höhe h m der Heizk. über Kesselmittel	Pumpendruck mm WS																
	100	200	300	400	500	600	700	800	900	1000	1200	1400	1600	1800	2000	2200	2500
1,0	2,90	4,10	4,90	5,70	6,30	6,96	7,50	8,00	8,50	9,00	9,40	10,6	11,4	12,1	12,7	13,3	14,2
1,5	2,40	3,20	4,00	4,75	5,10	5,67	6,13	6,53	6,95	7,30	8,03	8,67	9,27	9,82	10,4	10,9	11,6
2,0	2,20	2,80	3,51	4,10	4,50	4,90	5,30	5,65	6,00	6,33	7,00	7,50	8,03	8,50	8,74	9,40	10,1
2,5	1,95	2,50	3,10	3,56	4,00	4,40	4,76	5,10	5,40	5,70	6,20	6,72	7,18	7,60	8,03	8,42	9,00
3,0	1,87	2,37	2,95	3,40	3,79	4,03	4,35	4,65	4,93	5,20	5,66	6,14	6,57	6,96	7,34	7,70	8,20
4,0	1,71	2,14	2,63	3,20	3,37	3,47	3,75	4,00	4,25	4,50	4,90	5,30	5,70	6,03	6,35	6,66	7,10
5,0	1,55	1,91	2,32	2,64	2,95	3,11	3,36	3,58	3,81	4,00	4,30	4,75	5,10	5,40	5,70	5,95	6,36
6,0	1,45	1,76	2,10	2,39	2,66	2,85	3,08	3,28	3,50	3,68	4,00	4,34	4,64	4,92	5,18	5,45	5,80
7,0	1,40	1,68	1,98	2,25	2,49	2,64	2,84	3,04	3,23	3,40	3,71	3,90	4,30	4,55	4,80	5,03	5,36
8,0	1,35	1,61	1,86	2,11	2,32	2,46	2,66	2,84	3,02	3,18	3,48	3,76	4,02	4,26	4,50	4,70	5,02
9,0	1,29	1,55	1,77	2,00	2,20	2,31	2,50	2,66	2,83	2,97	3,27	3,54	3,79	3,89	4,22	4,44	4,72
10	1,26	1,50	1,71	1,92	2,11	2,21	2,38	2,54	2,70	2,85	3,10	3,36	3,59	3,80	3,88	4,20	4,50
11	1,23	1,45	1,65	1,84	2,02	2,10	2,26	2,41	2,56	2,70	2,97	3,20	3,43	3,50	3,84	4,02	4,29
12	1,20	1,40	1,60	1,78	1,95	2,00	2,17	2,32	2,45	2,60	2,84	3,06	3,28	3,48	3,66	3,84	4,10
13		1,37	1,56	1,74	1,89	1,93	2,08	2,22	2,36	2,50	2,73	2,95	3,15	3,35	3,52	3,70	3,94
14		1,34	1,52	1,70	1,83	1,85	2,00	2,14	2,27	2,40	2,63	2,84	3,04	3,28	3,39	3,56	3,80
15		1,32	1,48	1,65	1,77	1,80	1,95	2,07	2,20	2,30	2,54	2,74	2,93	3,10	3,28	3,44	3,66
17			1,20	1,38	1,52	1,69	1,82	1,94	2,06	2,18	2,38	2,58	2,75	2,92	3,08	3,23	3,44
20				1,27	1,42	1,56	1,78	1,80	1,91	2,00	2,20	2,38	2,54	2,70	2,84	2,98	3,18
25					1,27	1,39	1,51	1,61	1,70	1,80	1,96	2,13	2,28	2,41	2,54	2,66	2,84

Beiblatt 1. Zusammenstellung der Berechnung einer Anlage mit unterer Verteilung nach Bild 29.

Aus dem Rohrplan						Nachrechnung mit vorläufigem Durchmesser				Nachrechnung mit geändertem Durchmesser					
Teilstrecke Nr	Stdndl. Wärmemenge W kcal/h	Stdndl. Wassermenge Q l/h	Länge der Teilstrecken l m	Annahme Durchmesser d in Zoll bzw mm	Widerstand $\Sigma\zeta$	Gleichwertige Rohrlänge l_g m	Reibungsgefälle R mm/m	Spalte 4 + Spalte 7 $l+l_g$ m	Widerst. der Teilstrecke Spalte 8 × Spalte 9 $(l+l_g)R$ mm	Durchmesser d in Zoll bzw mm	Gleichwertige Rohrlänge l_g m	Reibungsgefälle R mm/m	Spalte 4 + Spalte 12 $l+l_g$ m	Spalte 13 × Spalte 14 $(l+l_g)R$ mm	Unterschied der Spalten 15 und 10 mm
1	2	3	4	5	6	7	8	9	10	11	12	13	14	15	16
1	3 500	175	2	5/4"	11,5	9,41	0,16	11,41	1,83						
9	13 200	660	11,5	57	2,0	3,42	0,14	14,92	2,09						
10	29 000	1 450	10	70	8	18,50	0,22	28,50	6,27						
11	53 000	2 650	12	88	2	6,70	0,20	18,70	3,74						
12	79 000	3 950	10	106	2	8,24	0,18	18,24	3,28						
13	98 000	4 900	10	113	2	9,30	0,19	19,30	3,67						
14	120 000	6 000	8	119	0	—	0,22	8,00	1,76						
15	210 000	10 500	5,5	150	9,5	65,45	0,18	70,95	12,80						

Widerstand des Stromkreises des Heizkörpers 1 = 35,44
Wirksamer Druck = 37,50
Überschuß = 2,06

Stromkreis des Heizkörpers 2

Widerstand der Teilstrecken 9, 10, 11, 12, 13, 14 und 15 . . . 33,61

Nr	W	Q	l	d	$\Sigma\zeta$	l_g	R	$l+l_g$	$(l+l_g)R$
16	9 700	485	6	5/4"	3,0	3,00	1,10	9,00	9,90
2	3 000	150	3	3/4"	11,5	5,18	2,00	8,18	16,36

Widerstand des Stromkreises des Heizkörpers 2 = 59,87
Wirksamer Druck = 75,00
Überschuß = 15,13

Stromkreis des Heizkörpers 3

Widerstand der Teilstrecken 9, 10, 11, 12, 13, 14, 15 und 16 . . . 43,51

Nr	W	Q	l	d	$\Sigma\zeta$	l_g	R	$l+l_g$	$(l+l_g)R$	d	l_g	R	$l+l_g$	$(l+l_g)R$	Unterschied
17 Vorlauf	6 700	335	6	1"	3,0	1,95	2,5	7,95	19,90	1½"	2,08	8,5	3,58	30,4	22,00
3 Vorlauf	2 900	145	1,5	3/4"	6,5	2,93	1,90	4,43	8,40						
3 Rücklauf	2 900	145	1,5	3/4"	5,0	2,25	1,90	3,75	7,12					78,93	

Widerstand des Stromkreises des Heizkörpers 3 . . . 78,93

Strang II, Stromkreis des Heizkörpers 5

| 18 | 3 800 | 190 | 6,0 | | ³/₄" | 3,0 | 1,47 | 7,47 | 24,50 |
| 4 | 3 800 | 190 | 4,0 | | | 11,5 | 5,18 | 9,18 | 31,8 |

Widerstand des Stromkreises des Heizkörpers 4   119,71
Wirksamer Druck = 150,00
Überschuß   30,29

Strang II, Stromkreis des Heizkörpers 5

Widerstand der Teilstrecken 11, 12, 13, 14, 15 . . . . .

19	11 100	555	11,5	2"	5,9	.	17,4	25,25
5	2 800	140	2,0	1"	6,9	0,19	8,90	3,31
						0,45	4,0	11,5	4,00

Widerstand des Stromkreises des Heizkörpers 5   32,56
Wirksamer Druck = 37,50
Überschuß   4,94

Stromkreis des Heizkörpers 6

Widerstand der Teilstrecken 11, 12, 13, 14, 15, 19

20	8 300	415	3,0	1"	2,12	3,7	8,12	28,56
6	2 600	130	11,5	³/₄"	5,18	1,5	7,18	30,00
								10,80

Widerstand des Stromkreises des Heizkörpers 6   69,36
Wirksamer Druck = 75,00
Überschuß   5,64

Stromkreis des Heizkörpers 7

Widerstand der Teilstrecken 11, 12, 13, 14, 15, 19, 20 . . . .

21	5 700	285	3,0	1"	1,95	1,8	7,95	58,56
7	2 700	135	11,5	³/₄"	5,18	1,6	6,18	14,31
								9,90

Widerstand des Stromkreises des Heizkörpers 7   82,77

Wirksamer Druck   112,50
Überschuß   29,73

Stromkreis des Heizkörpers 8

Widerstand der Teilstrecken 11, 12, 13, 14, 15, 19, 20, 21

22	3 000	150	3,0	³/₄"	1,35	2,0	7,35	72,66
8	3 000	150	11,5	¹/₂"	3,68	9,0	6,68	14,70
								60,00

Widerstand des Stromkreises des Heizkörpers 8   147,36
Wirksamer Druck = 150,00
Überschuß   2,64

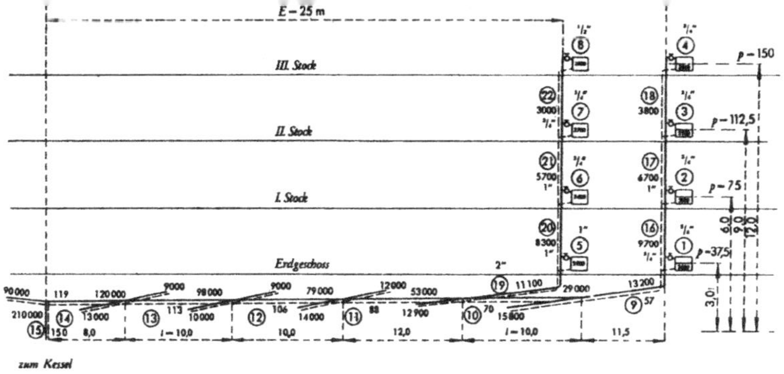

Bild 29. Bemessung einer Anlage mit unterer Verteilung

¹/₂"	3,68	7,5	4,68	35,0	25,10
					82,77
					107,87

Wirksamer Druck   112,50
Überschuß   4,63

Beiblatt 2. Zusammenstellung der Berechnung einer Anlage mit oberer Verteilung nach Bild 38.

1 Teilstrecke Nr.	2 Wassermenge Q l/h	3 Länge l m	4 Durchmesser d in Zoll od. mm	5 Art der Verlegung und Wärmeschutz	6 Spalte der Tafel 6	7 Wärmeabgabe je m Rohr ΔW_R kcal/h·m	8 Wärmeverlust der Teilstrecke W kcal/h	9 Temp.-Unterschied ϑ °C	10 Wassermenge Q l/h	11 Einzelwiderstand ζ	12 Gleichwertige Rohrlängen l_g m	13 Spalten 3+12 $l+l_g$ m	14 Reibung je m R mm/m	15 Widerstand der Teilstrecke $(l+l_g)R$ mm	16 Höhenabstand h m	17 Temp.-abfall wie Spalte 9 ϑ °C	18 Wichte je 1° G kg/m³·°C	19 Unterschied der Wichten $(\gamma_s-\gamma_r)$ kg/m³	20 Einzeldrücke $h(\gamma_s-\gamma_r)$ mm	Bemerkungen

Stromkreis des Heizkörpers H_1

1	2	3	4	5	6	7	8	9	10	11	12	13	14	15	16	17	18	19	20	Bemerkungen
1A'	175	1,5	5/4"	nackt	25	71	107	0,61	175	{12,5	10,31	16,31	0,16	2,60	2,6	0,61	0,58	0,35	0,91	
H_1	175			Heizkörper	18	119	3500	20,00	175						3,0	20,00	0,62	12,40	37,20	
1A	175	1,5	5/4"	nackt	18	119	179	1,02	175						3,4	1,02	0,69	0,70	2,40	
1a	175	3,0	5/4"	Strang im Schlitz, isoliert	20	36	108	0,62	175	1,0	1,02	4,02	0,23	0,92	5,5	0,62	0,69	0,43	2,36	
2	320	3,0	1 1/2"	Strang im Schlitz, isoliert	20	39	117	0,37	314	1,0	1,47	4,47	0,12	0,54	8,4	0,37	0,69	0,25	2,10	
3	460	3,0	2"	Strang im Schlitz, isoliert	20	47	141	0,31	447						11,3	0,31	0,69	0,21	2,37	
4a	660	4,0	2"	Strang im Schlitz, isoliert	20	47	188	0,29	632	{1,5	2,21	13,21	0,23	3,04	14,8	0,29	0,69	0,20	2,96	
4b	660	7,0	2"	Dachgesch. $-5°$; $1-\eta=0,3$	7	70	490	0,74	632						17,0	0,74	0,69	0,51	8,60	
5	1240	6,0	64	Dachgesch. $-5°$; $1-\eta=0,3$	7	82	492	0,40	1175	1,0	2,00	8,00	0,23	1,84	17,0	0,40	0,69	0,27	4,60	
6	1838	7,0	70	Dachgesch. $-5°$; $1-\eta=0,3$	7	88	616	0,34	1770	1,0	2,54	9,54	0,31	2,96	17,0	0,34	0,69	0,23	3,90	
7	2381	4,0	70	Dachgesch. $-5°$; $1-\eta=0,3$	7	88	353	0,15	2290	1,0	2,54	6,54	0,51	3,34	17,0	0,15	0,69	0,10	1,70	
8	2995	6,0	82	Dachgesch. $-5°$; $1-\eta=0,3$	7	100	600	0,20	2892	1,0	3,31	9,31	0,35	3,26	17,0	0,20	0,69	0,14	2,38	
9	3632	7,0	82	Dachgesch. $-5°$; $1-\eta=0,3$	7	100	700	0,19	3532	1,0	3,31	10,31	0,50	5,16	17,0	0,19	0,69	0,13	2,20	
10	4045	8,0	94	Dachgesch. $-5°$; $1-\eta=0,3$	7	112	896	0,22	3953	1,0	3,90	11,90	0,31	3,69	17,5	0,22	0,69	0,15	2,55	
11	4487	5,0	100	Dachgesch. $-5°$; $1-\eta=0,3$	7	119	596	0,13	4417						17,5	0,13	0,69	0,09	1,53	
11a	4487	17,0	100	Strang im Schlitz, isoliert	20	79	1340	0,30	4417	{10,0	42,70	64,70	0,27	17,50	8,5	0,30	0,69	0,21	1,78	
11a'	4487	2,5	100	Keller 20°; $1-\eta=0,3$	22	49	123	0,03	4417	4,5	19,24	26,74	0,27	7,30	—	0,03				Wirks. Druck 80,35 mm
11'	4487	5,0	100	Keller 20°; $1-\eta=0,3$	22	49	245	0,05	4417						1,5	0,05				Druckverlust 74,65 mm
10'	4045	8,0	94	Keller 20°; $1-\eta=0,3$	22	47	376	0,09	3953	1,0	3,90	11,90	0,31	3,70	1,5	0,09				Überschuß 5,70 mm
9'	3632	7,0	82	Keller 20°; $1-\eta=0,3$	22	42	294	0,08	3532	1,0	3,31	10,31	0,50	5,16	1,5	0,97	0,56	0,54	0,81	Änderung nicht erforderlich!
8'	2995	6,0	82	Keller 20°; $1-\eta=0,3$	22	42	252	0,08	2892	1,0	3,31	9,31	0,35	3,26	1,5					
7'	2381	4,0	70	Keller 20°; $1-\eta=0,3$	22	36	144	0,06	2290	1,0	2,54	6,54	0,51	3,34	1,5					
6'	1838	7,0	70	Keller 20°; $1-\eta=0,3$	22	36	252	0,13	1770	1,0	2,54	9,54	0,31	2,96	1,5					
5'	1240	6,0	64	Keller 20°; $1-\eta=0,3$	22	33	198	0,16	1175	1,0	2,00	8,00	0,23	1,84	1,5					
4'	660	7,5	2"	Keller 20°; $1-\eta=0,3$	22	28	210	0,32	632	15	2,21	9,71	0,23	2,24	1,5					
		136,0						$\Delta_K = 26,89$°C						Druckverlust = 74,65					Wirks. Druck = 80,35	

Stromkreis des Heizkörpers H_{13}

1	2	3	4	5	6	7	8	9	10	11	12	13	14	15	16	17	18	19	20	Bemerkungen
13A	145	1,5	3/4"	nackt	18	76	114	0,79	139	{11,5	5,18	6,68	1,8	12,00	6,4	0,79	0,67	0,53	3,40	Wirks. Druck 120,67 mm
H_{13}	145			Heizkörper	25	46	2900	20,89	139						6,0	20,89	0,62	13,00	78,00	Druckverlust 105,05 mm
13A'	145	1,5	3/4"	nackt	25	46	69	0,48	139						5,6	0,48	0,58	0,28	1,57	Überschuß 15,62 mm
3'	485	3,0	1"	Strang im Schlitz, isoliert	27	15	45	0,09	457	1,5	1,65	4,65	4,5	21,00	4,4	0,09	0,58	0,05	0,22	Anschluß belassen, Ventil 1/2" wählen!
				Teilstrecke 2 bis 11a und 4' bis 11a'			$\Delta_K = 26,89$°C	4,64				Teilstrecken wie vorher		72,05		Teilstrecken wie vorher			37,48	
												Druckverlust = 105,05							Wirks. Druck = 120,67	

				Teilstrecke 3 bis 11a, 3′ bis 11a′				4,36		Teilstrecken wie vorher				92,18	Teilstrecken wie vorher				35,60	Vorlaufanschluß 14A in 1/2″ ändern!
							$\Delta_K = 26{,}89^\circ C$				Druckverlust = 137,03					Wirks. Druck = 161,11				
Stromkreis des Heizkörpers H_{15}																				
15A	200	1,5	3/4″	nackt	18	76	114	0,57	185						12,4	0,57	0,67	0,38	4,70	Wirks. Druck 202,73 mm
H_{15}	200			Heizkörper			4000	21,63	185	13	5,85	11,85	3,00	35,60	12,0	21,63	0,62	13,40	161,00	Druckverlust 158,99 mm
15A′	200	1,5	3/4″	nackt	25	46	69	0,35	185						11,6	0,35	0,58	0,20	2,32	Überschuß 43,74 mm
15a′	200	3,0	3/4″	Strang im Schlitz, isoliert	27	12	36	0,18	185						10,4	0,18	0,58	0,10	1,04	Vorlaufanschluß 15A
				Teilstrecke 4a, bis 11a, 2′ bis 11a′				4,16		Teilstrecken wie vorher				123,39	Teilstrecken wie vorher				33,67	in 1/2″ ändern!
							$\Delta_K = 26{,}89^\circ C$				Druckverlust = 158,99					Wirks. Druck = 202,73				
Stromkreis des Heizkörpers H_{22}																				
16	442	4,0	5/4″	Strang im Schlitz, isoliert	20	36	144	0,33	464	1,0	1,00	5,00	1,10	5,50	14,8	0,33	0,67	0,22	3,25	
17	329	3,0	5/4″	Strang im Schlitz, isoliert	20	36	108	0,33	348	1,0	0,93	3,93	0,55	2,16	11,3	0,33	0,67	0,22	2,48	
18	229	3,0	1″	Strang im Schlitz, isoliert	20	27	81	0,35	244	1,0	0,65	3,65	1,35	4,93	8,4	0,35	0,67	0,23	1,93	
22a	121	3,0	3/4″	Strang im Schlitz, isoliert	20	23	69	0,57	129						5,5	0,57	0,67	0,38	2,10	Wirks. Druck 58,39 mm
22A	121	1,5	3/4″	nackt	18	76	114	0,94	129	12,5	5,63	11,63	1,50	17,40	3,4	0,94	0,67	0,63	2,14	Druckverlust 58,09 mm
H_{22}	121			Heizkörper			3000	23,27	129						3,0	22,77	0,62	14,10	42,30	Überschuß 0,30 mm
22A′	121	1,5	3/4″	nackt	25	46	69	0,57	129						2,6	0,57	0,58	0,33	0,86	Keine Änderung!
16′	442	0,5	5/4″	Strang im Schlitz, isoliert	27	19	9,5	0,02	464	2,5	2,50	3,00	1,1	3,30	2,3	0,02	0,58	0,01	0,02	
		16,5		Teilstrecke 11a, 11 und 11a′, 11′				0,51		Teilstrecken wie vorher				24,80	Teilstrecken wie vorher				3,31	
							$\Delta_K = 26{,}89^\circ C$				Druckverlust = 58,09					Wirks. Druck = 58,39				
Stromkreis des Heizkörpers H_{21}																				
21A	108	1,5	3/4″	nackt	18	76	114	1,06	115						6,4	1,06	0,67	0,71	4,54	Wirks. Druck 105,34 mm
H_{21}	108						2700	23,54	115	12,5	5,63	8,63	1,2	10 30	6,0	23,54	0,62	14,60	87,50	Druckverlust 84,19 mm
21A′	108	1,5	3/4″	nackt	25	46	69	0,64	115						5,6	0,64	0,58	0,37	2,07	Überschuß 21,15 mm
17′	321	3,0	3/4″	Strang im Schlitz, isoliert	27	12	36	0,11	335	1,0	0,49	3,49	9,5	33,20	4,4	0,11	0,58	0,06	0,26	Vorlaufanschluß 21A
				Teilstrecke 11a, 11, 16 bis 18, 11′, 16′				1,54		Teilstrecken wie vorher				40,69	Teilstrecken wie vorher				10,97	in 1/2″ ändern!
							$\Delta_K = 26{,}89^\circ C$				Druckverlust = 84,19					Wirks. Druck = 105,34				
Stromkreis des Heizkörpers H_{20}																				
20A	100	1,5	1/2″	nackt	18	59	89	0,89	104						9,4	0,89	0,67	0,60	5,65	Wirks. Druck 154,38 mm
H_{20}	100						2500	23,99	104	12,5	3 90	6,90	4,5	31,00	9,0	23,99	0,62	14,85	134,00	Druckverlust 114,96 mm
20A′	100	1,5	1/2″	nackt	25	36	54	0,54	104						8,6	0,54	0,58	0,31	2,67	Überschuß 39,42 mm
18′	213	3,0	3/4″	Strang im Schlitz, isoliert	27	12	36	0,17	220	1,0	0,49	3,49	4,3	15,00	7,4	0,17	0,58	0,10	0,74	Ventil in 3/8″ ändern!
				Teilstrecke 11a, 11, 16, 17, 11a′, 11′, 16′, 17′				1,30		Teilstrecken wie vorher				68,96	Teilstrecken wie vorher				11,32	
							$\Delta_K = 26{,}89^\circ C$				Druckverlust = 114,96					Wirks. Druck = 154,38				
Stromkreis des Heizkörpers H_{19}																				
19A	113	1,5	1/2″	nackt	18	59	89	0,79	116						12,4	0,79	0,67	0,53	6,60	Wirks. Druck 199,10 mm
H_{19}	113						2800	24,24	116	14,5	4,64	10,64	5,5	58,50	12,0	24,21	0,62	15,00	180,00	Druckverlust 140,30 mm
19A′	113	1,5	1/2″	nackt	25	36	54	0,48	116						11,6	0,48	0,58	0,29	3,38	Überschuß 58,80 mm
19a′	113	3,0	1/2″	Strang im Schlitz, isoliert	27	9	27	0,24	116						10,4	0,24	0,58	0,14	1,45	Ventil in 3/8″ ändern!
				Teilstrecke 11a, 11, 16, 11a′, 11′, 16′ bis 18′				1,14		Teilstrecken wie vorher				81,80	Teilstrecken wie vorher				7,67	
							$\Delta_K = 26{,}89^\circ C$				Druckverlust = 140,30					Wirks. Druck = 199,10				